Hansjörg Küster

Das Watt

Hansjörg Küster

Das Watt

Wiege des Lebens

C.H.Beck

Mit 9 Schwarz-Weiß-Abbildungen und 16 Abbildungen in Farbe

www.chbeck.de
Umschlaggestaltung: Rothfos & Gabler, Hamburg
Umschlagabbildung: Sich spiegelnde Wolken über einer Sandwatt-Landschaft
mit Priel © M. Stock, wattenmeerbilder.de
Satz: Janß GmbH, Pfungstadt
Druck und Bindung: Pustet, Regensburg
Gedruckt auf säurefreiem und alterungsbeständigem Papier
Printed in Germany
ISBN 978 3 406 81422 8

verantwortungsbewusst produziert
www.chbeck.de/nachhaltig

Prof. Dr. Klaus Wächtler
(* 11. Juli 1938 in Kiel; † 4. März 2017 in Eutin)
brachte mir auf vielen Exkursionen
die Welt des Watts nahe.
Seinem Andenken sei dieses Buch gewidmet.

Inhalt

Wasser, Meer und Watt

Der größte Teil der Erdkugel ist von Wasser bedeckt. Die riesigen Ozeane werden seit 2023 durch ein internationales Meeresabkommen der Vereinten Nationen geschützt. Besonders empfindlich und daher besonders schutzbedürftig sind die Flachwasserbereiche am Rand der Meere, zu denen das Watt gehört. In seichten Meeresbereichen, die nur eine Tiefe von wenigen Metern aufweisen, spielt sich das meiste Leben im Meer ab. Nicht nur die tieferen Zonen der Ozeane, sondern auch alle Landgegenden sind davon abhängig, was sich nahe der Oberfläche der Meere abspielt. Denn nur in die obersten wenigen Meter des Wasserkörpers dringt genügend Sonnenlicht ein, so dass Fotosynthese stattfindet und Pflanzen leben können. Von ihnen werden alle Meere mit erheblichen Mengen an organischer Substanz und die ganze Welt mit großen Massen an Sauerstoff versorgt. Das Watt ist besonders produktiv: In keinem anderen Ökosystem wird mehr Kohlenstoffdioxid aus der Atmosphäre abgebaut, nirgends wird mehr organische Masse aufgebaut und nirgendwo mehr Sauerstoff freigesetzt. Wenn also die Meere geschützt werden sollen, muss man besonders auf deren Ufer und flache Randbereiche achten – und dabei unter anderem ganz besonders auf das Watt. Diese flachen Gewässer sind für Meere und Landmassen sowie deren gesamte Lebenswelt von eminenter Bedeutung. Viele Formen von Leben haben sich dort entwickelt; von dort aus wird das ganze Leben sowohl im Meer als auch am Land beeinflusst. Sehr viele Lebewesen entstanden dort im Lauf der Evolution, sie wachsen dort auch auf, sie vermehren sich dort, sie wurden und werden von dort aus mit wichtigen Ressourcen versorgt: mit organischer Substanz und Sauerstoff an vorderster Stelle.

Darauf bezieht sich – in mehrfacher Bedeutung – der Titel dieses Buches. Auf dessen Bedeutung soll aber erst zu einem späteren Zeitpunkt näher eingegangen werden – auf der Basis von einigen Grundlagen und Fakten zum Watt und zu anderen Flachwasserbereichen am Rand der Meere, von denen zunächst die Rede ist.

Deutschland hat Anteil am größten Schlickwattgebiet der Welt, das an der südlichen Nordsee gelegen ist. Dieses Gebiet bezeichnet man auch als Wattenmeer. Teile des Wattenmeeres gehören zu zwei weiteren Staaten: In den Niederlanden spricht man von der Waddenzee, in Dänemark bezeichnet man diese Meeresgegend als Vadehavet. Man hat das Gebiet zu Nationalparken erklärt, von denen sich drei in Deutschland befinden. Drei sind es deswegen, weil drei Bundesländer an die Nordsee grenzen und die Einrichtung von Nationalparken in den Zuständigkeitsbereich der Bundesländer fällt – wie auch alle anderen Regelungen zum Naturschutz. Der Bund gibt lediglich einen Rahmen der Naturschutzgesetzgebung vor. Deshalb wurden drei Nationalparke in den drei Bundesländern gegründet, die Anteile am Wattenmeer haben, ein Niedersächsischer, ein Hamburger und ein Schleswig-Holsteinischer Nationalpark. Ein separater Hamburger Nationalpark an der Nordsee existiert deswegen, weil traditionell die Meeresgegend um die Elbmündung herum zu Hamburg gehört: Der im Jahr 1301 errichtete Leuchtturm von Neuwerk ist angeblich das älteste Hamburger Bauwerk. Im 20. Jahrhundert überlegte man sich, den wichtigen Hamburger Übersee-Hafen in das Watt bei den Inseln Neuwerk und Scharhörn zu verlegen. Unter anderem aus Gründen des Naturschutzes kam man aber von dieser Idee wieder ab.

Das Wattenmeer ist sehr reich an Pflanzen- und Tierarten, große Teile des flachen Meeres kann man noch als echte Wildnisse bezeichnen. Einige Tierarten gibt es weltweit nur an oder in der Nordsee, und der auf der Erde vorkommende Gesamtbestand bestimmter Zugvögel trifft sich zu bestimmten Zeiten im Wattenmeergebiet. Für einige Wochen kommen alle Knutts der Welt, auch Knuttstrandläufer genannt, an der Nordsee zusammen und verteilen sich anschließend erneut auf verschiedene Weltgegenden. Brandgänse aus dem gesamten

Westen Europas finden sich im August auf dem Großen Knechtsand vor dem Land Wursten, zwischen den Mündungen von Elbe und Weser, sowie rings um die Insel Trischen nördlich der Elbmündung ein. Dort halten sie sich zur Mauser auf, also zum Wechsel des Gefieders. Sie verlieren die kräftigsten Federn alle zur gleichen Zeit, so dass sie für einige Tage nicht fliegen können. Sie brauchen an diesen Tagen einen bestmöglichen Schutz, den sie in der Deutschen Bucht finden, und außerdem ein ausreichendes und gut erreichbares Nahrungsangebot. Auch das wird ihnen im Schlickwatt an der deutschen Küste geboten.

Das Wattenmeer an der Nordsee ist wirklich eine Besonderheit: Keineswegs an jeder Küste gibt es ein derart ausgedehntes Watt, also ein amphibisches Gebiet zwischen Land und Meer, das von Gezeiten beeinflusst ist und das nur sehr geringe Höhenunterschiede aufweist. Für ein Watt ist charakteristisch, dass dort kein scharfer Kontrast zwischen Land und Meer besteht, sondern ein sehr allmählicher Übergangsbereich, in dem die Zugehörigkeit zu Land oder Wasser sich unaufhörlich verändert. Man kann sich auch entschließen, das Watt weder dem Land noch dem Meer zuzuordnen.

Das Wattenmeer ist von zahlreichen Seiten bedroht. Es wird intensive Fischerei betrieben. Hier verlaufen Wasserstraßen, die zu den wichtigsten und verkehrsreichsten der Welt gehören; sie führen zu Häfen, die ebenfalls unter den wichtigsten der Welt genannt werden müssen. Die Wasserstraßen sind aber auch besonders gefährlich, und bei jeder Havarie eines Schiffes droht eine Umweltkatastrophe. Mehrere wichtige Flüsse münden in das Wattenmeergebiet; sie können das Meer verunreinigen, wenn Schadstoffe in ihnen enthalten sind, Rhein, Ems, Weser und Elbe. Zahlreiche weitere Schadstoffe gefährden das flache Meeresgebiet, die dort entsorgt werden oder bereits vor Jahrzehnten entsorgt wurden und als tickende Zeitbomben auf dem Grund der Nordsee liegen: Munition, Mineralöl, Schwermetalle, Kunststoffe, Dünnsäure. Seit Jahrzehnten ist das Wattenmeer mit seinen Küsten aber auch eine wichtige Urlaubsregion. Die UNESCO hat es zum Weltnaturerbe erklärt. Das Trilaterale Wattensekretariat, an dem die Fäden der Naturschutzbemühungen zusammenlaufen, befindet sich als internationale Einrichtung etwa in der Mitte des Gebietes, in Wilhelmshaven. Die vielfältigen Interessen, die mit diesen Nutzungen im Zusammenhang stehen, führen immer wieder zu Nutzungskonflikten, und Verschmutzungen gefährden viele Formen der Nutzung des Meeres.

Das Watt, genauer das Schlickwatt, wie es an der Nordsee zu finden ist, wird im Mittelpunkt dieses Buches stehen. Watt kann aber auch ganz anders aussehen als so, wie man es in Deutschland und seinen Nachbarländern kennt. Daher gehe ich immer wieder auch auf andere Formen von Watt ein. Dieses Buch ist nicht nur eine wissenschaftliche Darstellung. Watt, das Wattenland oder das Wattenmeer ist nämlich viel mehr als das: eine Landschaft oder besser eine «Meerschaft», der man mit Emotionen gegenübertritt. Man kann viele Aspekte von Watt wissenschaftlich betrachten, und das nicht nur naturwissenschaftlich. Das Watt hat nämlich auch eine interessante Kultur- und Ideengeschichte. Daher muss im Text immer wieder zwischen Naturwissenschaft, Kulturgeschichte, Ideen und Emotionen «gesprungen» werden. Und auch auf persönliche Erlebnisse gehe ich ein, die eine besondere Beziehung zu dieser Landschaft herstellen. So habe ich das Watt immer wieder wahrgenommen, mitsamt aller Stimmungen, Gerüche, dem fast beständig wehenden starken Wind, den Geräuschen der Brandung, den Vogelrufen – und auch besonderen Begegnungen mit Menschen. All dies gehört zu einer Landschaft (oder Meerschaft); all dies gehört zu Orten, die sich lokalisieren lassen und daher Zusammenhänge zwischen sehr verschiedenen Dimensionen herstellen. Ohne die Orte bleiben es zusammenhanglose Einzelheiten.

Es wird also immer wieder um das Wattenmeer an der Nordsee gehen, um seine Natur und Kultur – mit Ausblicken auf ähnliche Küstenbereiche in aller Welt, die für die Entstehung der Vielfalt von Leben im Lauf der Erdgeschichte, für die Gehalte an Sauerstoff und Kohlenstoffdioxid im Meer und in der Atmosphäre, für die Entwicklung von Handel und Schifffahrt in den letzten Jahrtausenden und auch für die globale Zukunft im Sinne der Realisierung von Nachhaltigkeit stets ungemein wichtig waren und sind.

Was aber ist Watt? Zur Beantwortung dieser Frage muss ein wenig weiter ausgeholt werden. Denn die Ausprägung von Watt hängt entscheidend davon ab, welche Formen von Küsten es gibt. Es wird also zunächst um Geologie und Geographie gehen, um Fragen der Küstengeologie, um Erosion und Sedimentation an der Kontaktstelle zwischen Land und Wasser.

Danach wird die besondere Rolle zu behandeln sein, die flache Küsten für die Entwicklung von Leben, von Biodiversität spielten und spielen. Seichte Bereiche am Rand der Meere haben immer eine besondere Bedeutung für die Entstehung zahlreicher Tier- und Pflanzenarten gehabt. Dieses Verhältnis gilt aber auch umgekehrt: Für die landschaftlichen oder geologischen Entwicklungen im Küstenraum haben Pflanzen und Tiere sowie zahlreiche Mikroorganismen eine wichtige Rolle gespielt, und zwar auch die abgestorbenen Lebewesen, die versteinerten und zu Fossilien wurden. Die Entwicklung der flachen Meeresbereiche verlief in neue Richtungen, sobald es Leben auf der Erde gab: Pflanzen und Tiere wurden nicht nur durch die sich ständig verändernde Umwelt in ihrer Evolution beeinflusst, sondern die Lebewesen gestalteten auch Meeresküsten in besonderer Weise. Vor allem die Küstengebiete nahmen unter dem Einfluss von Lebewesen eine andere Entwicklung, als es ohne das Leben der Fall gewesen wäre.

Schließlich wird es in weiteren Kapiteln des Buches um die zahlreichen Interaktionen zwischen Menschen und den Meeren sowie deren Küsten gehen, die sich in der Vergangenheit abspielten und in der Gegenwart immer noch ablaufen. Dabei setzten sich die natürlichen Prozesse von Erosion und Sedimentation, der Entstehung und Zerstörung von Lebensräumen weiter fort. Wie überall, so auch am Meer haben die Menschen versucht, die natürlichen Prozesse weitestmöglich zu beherrschen, um Landschaft, Biodiversität und auch ganz allgemein das, was sie für Natur hielten, zu bewahren und – vor allem – um selbst in Sicherheit zu leben. Trotz aller Gefahren, die die

Flachküsten und das Wattengebiet von Natur aus prägen, wollten sie Watt und Meer nutzen können.

«Das Meer vernichtet und segnet», weiß man an den Küsten, das ist nun einmal seine Natur. Nicht jede Form von Zerstörung am Meer ist eigentlich eine Naturkatastrophe, denn die Katastrophe gehört nun einmal zur Natur des Meeres. Aber sie kann eine Katastrophe für die Stabilität sein, in der wir Menschen leben wollen. Obwohl wir die Landschaft nutzen wollen und dadurch unweigerlich verändern, denken wir sie uns stabil und versuchen, sie so wenig verändert wie nur irgend möglich zu bewahren. Eigentlich ist das ein Unding: Denn die Landschaft verändert sich unaufhörlich, sogar unabhängig davon, ob wir sie nutzen. Der stetige Wandel ist ihre Natur.

Im Watt verschwindet nicht nur der Gegensatz zwischen Land und Meer, sondern auch der zwischen Vergangenheit und Gegenwart. Die Geschichte des Watts, die wir in der Vergangenheitsform beschreiben, läuft in der Gegenwart genauso ab – und auch in der Zukunft. Stets ist der Wandel präsent.

Erste Begegnungen mit dem Watt

Aber fangen wir kleiner an, auch wenn das, was es am Meer zu sehen gibt, immer groß ist, einen weiten Horizont hat. Zum ersten Mal an die Nordsee zu kommen, das Watt zum ersten Mal zu sehen ist für viele Menschen zumindest auf den ersten Blick enttäuschend. So ging es auch mir, als ich, acht Jahre alt, die Nordsee zum ersten Mal besuchte. Es war im März, also im frühen Frühjahr, man könnte auch sagen, im späten Winter. Ich kannte bereits die sommerliche Ostsee. Dort konnte man, wenn das Wetter gut war, jederzeit baden. Aber die Nordsee ist anders: Man geht voller Erwartung auf den Deich und will das Meer sehen, blickt aber gerade im Winter und Frühjahr nur auf grüngraues oder grünbraunes Watt und Salzwiesen, die wenig ansehnlich wirken. Vom Meer hingegen sieht man nichts. Quert man im Sommer den Deich, ist man auch dann keineswegs überall sofort an einer Badestelle, sondern hat möglicherweise noch einen weiten Weg bis zum Wasser vor sich. Und jederzeit baden kann man auch nicht überall.

Im Watt gibt es glitschige und, wie man meint, «schmutzige» Flächen, die von der Flut überschwemmt werden und von denen sich das Wasser mit der Ebbströmung zurückzieht. Man kann dort leicht ausrutschen und hinfallen, so dass die Kleidung verdreckt. Das Säubern der Kleider ist nicht einfach, der graue oder gar schwarze Schlamm lässt sich nicht so leicht von den Hosen abwischen. Und es können schwere Klumpen von schlammigem Schlick an den Stiefeln kleben bleiben.

Nur selten trocknet die Oberfläche des Watts, ein schmieriger, dünner Wasserfilm bleibt immer zurück, besonders auf feinem Sediment, dem Schlick. Man watet also auch dann durch flaches Wasser und Schlamm, wenn sich das Meerwasser zurückgezogen hat. Vom Waten, der typischen Form der Fortbewegung in diesem amphibischen Lebensraum, soll das Watt übrigens seinen Namen erhalten haben. An manchen Stellen wird Wasser durch Sand und feineres Sediment, auch durch Algenfäden gestaut, so dass sich kleine, kaum zentimetertiefe Tümpel bilden. Entweder man geht barfuß oder in Gummistiefeln, wenn es kalt ist oder man Angst vor Schnitten von messerscharfen Muschelschalen hat, die im Wattboden stecken.

Bei meinem ersten Besuch des Nordseewatts, der einige Wochen andauerte, weil ich mich im Reizklima der See von ständigen Erkältungen erholen sollte, gewöhnte ich mich bald an den Anblick von Salzwiese und Watt. Ich meinte nach einigen Tagen, mit dem Watt vertraut zu werden. Es gab dann doch eine Menge zu sehen, und allmählich stieg die Faszination für das Land vor dem Deich. Das Wasser floss gluckernd ab, oder es stieg langsam an. Das hatte ich beim Bau von Stauanlagen in den Prielen, in den Gewässern des Watts und der Salzwiese oder beim Umlenken von Kanälen zu beachten – Beschäftigungen, denen ich als Kind gerne nachging. In der Salzwiese fanden sich große Schwärme von Wildgänsen ein, keine Graugänse wie im Binnenland, sondern Ringelgänse, die man an einem weißen Ring erkennt, der ihren Hals umzieht, und Nonnengänse oder Weißwangengänse: Ihre Backen sind weiß, wie der Name sagt, und insgesamt ist ihr Gefieder wie die Kutten von Ordensfrauen gefärbt. Auch das Aussehen der etwas kleineren Brandgänse kann man sich leicht einprägen, man bezeichnet sie wegen ihrer geringeren Größe auch als Brandenten. Ihr Gefieder ist zum Teil schwarz, zum Teil auch rostfarben. Das könnte, so ist die Vorstellung, von einem Brand herrühren, aber das ist natürlich nicht so.

Die Gänseschwärme fielen dort auf den Salzwiesen ein, wo auch Schafe grasten, die keinen Schäfer brauchten, denn ihre Weiden wurden vom Meer und vom Deich begrenzt sowie durch zahlreiche Gräben und Priele. An den Spülsäumen auf der Sandbank und am Rand des Watts, wo ebenfalls angespülte Pflanzenteile und Tiere zu finden waren, liefen rasch trippelnd Vögel entlang und suchten nach Nahrung. Vor allem Austernfischer waren zu hören. Sie schienen ständig nach meiner kleinen Schwester zu rufen: «Wiebke, Wiebke, Wiebke.» Andere Vögel gaben dezentere Rufe von sich, Kiebitze, die verschiedenen Strandläufer, Rotschenkel, Brachvögel.

Aber eines Tages hatte sich das Vorland, das Land vor dem Deich mit dem Watt und der Salzwiese, plötzlich von Grund auf verwandelt: Es war verschwunden! Da reichte auf einmal die Nordsee bis an den Fuß des Deiches, der Spülsaum hatte sich bis dorthin verschoben. Es herrschte Springflut, die durch Einwirkung der Sonne und vor allem des Mondes höher aufläuft als eine «normale» Flut. Der Wind half nach und drückte zusätzliches Wasser an den Deich. Mein Staunen über dieses Naturphänomen war so groß, dass ich noch Jahre später, als wir in der Schule einen Vortrag halten sollten, das Watt und die Springflut als Thema wählte – und großen Erfolg damit hatte. Ich war später häufig mit Studierenden an der Nordsee und habe auf deren Gesichtern immer wieder das gleiche Erstaunen über die Phänomene Watt, Gezeiten und Springflut gesehen.

Ein ähnlich ausgedehntes Schlickwatt (siehe Tafel 1) wie an der Nordsee gibt es sonst nirgends auf der Welt. Das ist ein wesentlicher Grund dafür, warum die UNESCO es als einzigartig unter ihren Weltnaturerbe-Stätten führt, genauso wie die Serengeti in Afrika und das Great Barrier Reef in Australien. Und das ist auch der Grund dafür, dass dieses Watt im Mittelpunkt dieses Buches steht. Der Grund für die besonders große Ausdehnung des Nordseewatts liegt darin, dass die Nordsee (wie übrigens auch die Ostsee) ein Schelfmeer ist.

Schelfmeere entstehen dadurch, dass nicht nur ein Bereich einer in größerer Tiefe liegenden ozeanischen Krustenscholle der Erde vom Meer überflutet wird, sondern das Wasser auch auf eine Kontinentalscholle schwappen kann. Ozeanische Krustenschollen gibt es überall auf der Welt. Über ihnen lagern die Kontinentalschollen, aber nicht überall, sondern – wie der Name sagt – nur im Bereich der Kontinente. In einigen Weltgegenden liegen die Oberflächen der Kontinentalschollen so niedrig, dass sich das Meer darüber ausdehnen kann, so dass ein Schelfmeer entsteht. Die Kontinentalschollen werden nur dann überflutet, wenn sich viel Wasser in den Weltmeeren befindet oder wenn eine Kontinentalscholle tief in den Untergrund eintaucht. In Europa gab es im Lauf der Erdgeschichte immer wieder Gegenden, in denen Teile des Kontinentes weit absanken; deswegen entstanden gerade in der Mitte des Kontinents in vielen Erdzeitaltern Gesteine aus den Ablagerungen flacher Meere, beispielsweise der Muschelkalk, der Jurakalk und der Kreidekalk. Erdöl und Erdgas sind die Überreste von Unmassen kleiner Pflanzen und Tiere, vor allem aber von abgestorbenen Mikroorganismen, die einst in seichten Meeresbereichen lebten. Von flachen Meeresbecken, die unter dem Einfluss eines heißen Klimas austrockneten, blieben Salzlagerstätten übrig. Und auch ganze Strände gingen unter und wurden zu Sandstein, wenn sie von sich darüberlegenden Gesteinsschichten zusammengepresst wurden.

In der geologischen Gegenwart ist weniger Wasser im Eis auf der Erde gebunden als beispielsweise in einer Eiszeit; es herrschen daher also recht hohe Wasserstände in den Meeren, so dass erneut flache Schelfmeere bestehen: die Nordsee und die Ostsee.

Was ist Watt?

Watt gibt es an allen Küsten mit Tiden oder Gezeiten, mit einem Wechsel der Strömungen Flut und Ebbe. Nur dort existiert ein Eulitoral, wie man das Watt wissenschaftlich nennt, ein amphibischer Bereich, der zeitweise vom Wasser bedeckt wird und aus dem sich das Wasser auch immer wieder zurückzieht. «Litus» ist das lateinische Wort für Küste, «eu» nimmt darauf Bezug, dass dieser Teil des Litorals direkt im Bereich der Küste liegt. Unterhalb befindet sich das normalerweise ständig von Wasser bedeckte Sublitoral, oberhalb das normalerweise ständig aus dem Wasser ragende Supralitoral, das nur von extrem hohen Wasserständen und vom Spritzwasser erreicht wird, der Gischt, die entsteht, wenn Wellen an eine Felsküste klatschen.

Im Watt sind die Bereiche des Litorals von Gezeiten beeinflusst. Ebbe und Flut sind keine Wasserstände, sondern Strömungen, die mehrere Stunden andauern. Der Wasserstand steigt während der Flut. Schließlich wird der Zeitpunkt von Hochwasser (HW) erreicht. Dann kentert die Tide, wie man an der Küste sagt, die Strömung dreht sich also um, und die Ebbe setzt ein, ebenfalls für einige Stunden. Am Ende der Ebbe herrscht Niedrigwasser (NW). Dann kentert die Tide wiederum, und es beginnt erneut eine Zeit der Flut. Weil jeweils zuerst Flut, dann Ebbe herrschen muss, sollte man vielleicht nicht der Konvention folgen, von Ebbe und Flut zu sprechen, sondern von Flut und Ebbe. Sie sind die beiden Gezeiten oder «Tiden». Tide bedeutet niederdeutsch «Zeit». Denn Tiden treten zu sehr regelmäßigen Zeitpunkten auf, ausgelöst durch die Gravitation des Mondes und der Sonne, wobei sich der Mond stärker auswirkt. Die Bahnen der Gestirne zeichnen sich durch einen sehr regelmäßigen Verlauf aus; daher

Fischkutter im Hafen von Dorum-Neufeld setzen sich mit plattem Boden bei Niedrigwasser auf dem Gewässerboden ab. Bei Hochwasser schwimmen sie wieder auf.

treten auch die davon verursachten Strömungen und Wasserstände zu genau berechenbaren Zeitpunkten auf. Sie folgen immer einer Sinuskurve: Zu den Zeitpunkten des Kenterns der Tiden verändern sich daher die Wasserstände nur geringfügig, genau in der Mitte zwischen den Zeitpunkten von Niedrigwasser und Hochwasser nehmen die Wasserstände dagegen besonders schnell zu oder ab. Das ist typisch für Sinusschwingungen. Alle 12 Stunden 25 Minuten 14 Sekunden ist Hochwasser und Niedrigwasser, also an den meisten Tagen zweimal. Gegenüber dem Vortag sind die Zeiten von Hoch- und Niedrigwasser jeden Tag um fast eine Stunde versetzt. In den Ästuaren, den im Meer untergegangenen Flussmündungen, dauert die Ebbe länger als die Flut, weil dort nicht nur die Ebbe, sondern auch die Flussströmung zu einem Wasserabfluss führt.

Das bemerkte ich schon als Kind; denn wenn ich an der Elbe bei Hamburg einen Kanal durch den Sand baute, sank der Wasserstand

Langsam kommt die Flut auf breiter Front in Dorum-Neufeld an die Küste.

häufiger, als dass er stieg, selbst wenn ich versuchte, das Wasser durch einen Sandwall zurückzuhalten. So musste ich meinen Kanal ständig in der Richtung zum Fluss hin verlängern. Ich hoffte, dass dann mehr Wasser in den Kanal fließen würde, doch auch dies bewahrheitete sich nicht. Einen Wasserstand als Zustand erreichte ich nie.

Zusätzlich können die Wasserstände und die Stärke der Strömungen noch durch die Wirkung des Windes beeinflusst, erhöht oder erniedrigt werden. Stehen Sonne und Mond auf einer Geraden, läuft die Flut höher auf, und bei Ebbe zieht sich das Wasser besonders weit zurück. Der Tidenhub ist dann also besonders groß, es gibt eine Springtide mit einem höheren Hochwasser am Ende einer besonders intensiven Springflut und einem niedrigeren Niedrigwasser. Stehen die beiden Gestirne im rechten Winkel zueinander, sind die beiden Strömungen Flut und Ebbe schwächer ausgeprägt, es gibt dann eine Nipptide mit einer geringeren Amplitude der Wasserstände.

Die Flut rückt allmählich, fast unmerklich vor. Die Ebbe ist die viel kräftigere und auch gefährlichere Strömung, denn das zurück-

Sturm und Brandung am Kringel auf der Westseite von Helgoland

weichende Wasser presst zunächst alles Sediment, das auf der Wattoberfläche liegen geblieben war, an den Boden. Auch die kleinen Sand- und Tonkörner werden vom sich zurückziehenden Wasser so eng wie möglich aneinandergepresst. Dann sammelt sich das Wasser in Wasserbahnen, die man als Priele bezeichnet, und entwickelt an vielen Stellen einen reißenden Sog, besonders in der Zeit des raschen Rückgangs des Wasserstandes zwischen dem Hochwasser- und dem Niedrigwasserzeitpunkt. Er kann auch für den Menschen gefährlich werden; wenn Badende mit der Ebbe ins offene Meer gezogen werden, sind sie oft rettungslos verloren. Immer wieder kommt es zu Unfällen, denen sogar Menschen zum Opfer fallen, die eigentlich mit der Gefahr des Ebbstroms vertraut sein sollten. Dörte Hansen schreibt davon in ihrem Roman *Zur See*.[1]

Das ist die eine große Gefahr, der man an der Küste ausgesetzt ist. Eine andere geht von der Brandung aus. Dort, wo sich eine auf die Küste zurollende Welle mit einer zurücklaufenden Welle trifft, gibt es

Brandung, das heißt, es brechen sich die Wellen mit großer Kraft. Wo die beiden Wellen sich gegenseitig abbremsen, so dass Sand abgesetzt wird, bildet sich ein Sandriff. Die Lokalität, an der es Brandung gibt, verlagert sich im Verlauf der Tiden unaufhörlich, sie findet sich mal höher, mal tiefer am Strand. Das ist der typische Ort, an dem viele Schiffe stranden und zerstört werden. Ein Schiff, das in die Brandung gerät, wird zum Spielball der Strömungen, wird hin und her geworfen, kentert und richtet sich wieder auf. Dabei wird der Rumpf äußerlich beschädigt, bekommt Lecks, durch die Wasser eindringen kann und das Schiff sinken lässt. Besonders gefährlich waren diese Stellen, als man noch üblicherweise Segelschiffe nutzte, mit denen man den Winden besonders stark ausgesetzt war und die man deswegen schlecht aus der Brandung steuern konnte. Im 18. Jahrhundert kam der Segler Joachim Nettelbeck immer wieder in größte Gefahr, und etliche Schiffe scheiterten. Aber auch heute noch wird die Brandung über Untiefen im Wattenmeer vielen Schiffen zum Verhängnis.

Die Tiden treten nicht an allen Orten gleichzeitig auf. Das kann man sich schon in einer Badewanne klarmachen: Wenn auf der einen Seite der Wanne viel Wasser ist, befindet sich auf der anderen Seite weniger davon. Und im nächsten Moment verändert sich dieser «Zustand» von Grund auf. Das Wasser der Meere ist in sogenannten Tidewellen akkumuliert.

Die Tidewellen drehen sich um amphidromische Punkte in den Weltmeeren. Im Zentrum dieser Wasserwirbel tritt gar kein Tidenhub auf, mit der Entfernung von diesen Zentren wird der Tidenhub immer größer. Auf der Nordhalbkugel der Erde verlaufen die Tidewellen im Gegenuhrzeigersinn. Das hängt mit der Bewegung der Erde von Ost nach West zusammen. Davon ist die Coriolis-Kraft beeinflusst, die alle Luft- und Wasserwirbel auf der Nordhalbkugel entgegen dem Uhrzeigersinn ablenkt. Auf der Südhalbkugel kommt es dagegen zu einer Ablenkung der Wasser- und Luftwirbel im Uhrzeigersinn. Das ist selbst beim Ablaufen von Wasser aus dem Waschbecken zu beobachten. Die Luft- und Wassermassen an der Erdoberfläche bewegen sich nämlich nicht ganz so schnell wie die Erdmassen unter ihnen: Es bilden sich

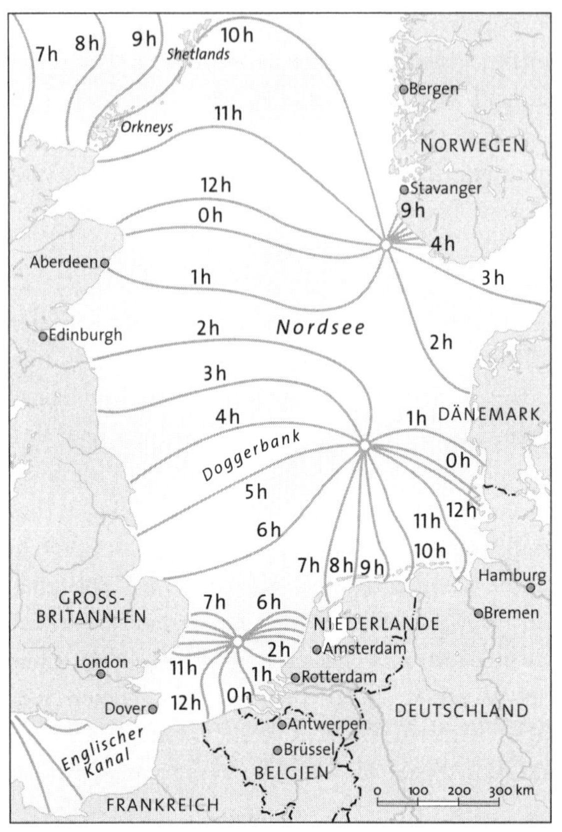

Tidewellen und Amphidromie in der Nordsee

Luftwirbel, die Zyklone oder Tiefdruckgebiete, und Tidewellen rings um die amphidromischen Punkte.

Die Tiden in der Nordsee sind besonders kompliziert, denn dort gibt es gleich drei amphidromische Punkte in unmittelbarer Nachbarschaft zueinander: vor der norwegischen Küste, zwischen England und Jütland sowie zwischen Südengland und den Niederlanden. Das ist mehr als in anderen Meeren. Seltsam ist das besonders deswegen, weil die Nordsee ja nur ein kleines Randmeer des ungleich größeren Atlantischen Ozeans ist. Im gesamten Nordatlantik besteht dagegen nur ein zentraler amphidromischer Punkt, dessen Einfluss von der

Ostküste Nordamerikas bis zur Westküste Europas reicht. Hinzu kommt ein weiterer dieser Punkte in der Karibik, zwei befinden sich im Südatlantik. Die amphidromischen Punkte im Atlantik üben zusätzliche Einflüsse auf die Tiden der Nordsee aus.

Der Ablauf der Tidewellen lässt sich berechnen. Danach können für jeden Ort spezielle Tidenkalender gedruckt werden, die erwerben muss, wer wissen will, wann Badezeit ist und wann man bestimmte Priele queren kann, ohne dass man sich der Gefahr aussetzt, mit der Ebbe ins offene Meer gezogen zu werden. An bewachten Stränden werden bei Vorliegen von Gefahren bestimmte Zeichen gesetzt, manche Strandabschnitte werden sogar zeitweilig abgesperrt. Das ist unbedingt zu beachten; sonst besteht Lebensgefahr.

Vor allem aber muss sich die Schifffahrt nach dem Tidenkalender richten. Viele Wasserstraßen sind nur bei hohem Wasserstand passierbar. Die Ostfriesischen Inseln Juist, Baltrum, Spiekeroog und Wangerooge sind von normalen Fähren nur nach einem Tidefahrplan zu erreichen, anders gesagt, die Abfahrts- und Ankunftszeiten ändern sich täglich. Der Tidenkalender wird durch aktuelle Durchsagen im Radio ergänzt, denn der gerade vorherrschende Wind kann die Wasserstände um Dezimeter, manchmal auch um Meter erhöhen oder erniedrigen; durch starken Wind wird manche Wasserstraße unpassierbar. Für die bessere Anbindung von Spiekeroog und Juist gibt es nun neue Fähren, die nur einen Tiefgang von 80 Zentimetern haben und die daher auch bei niedrigem Wasserstand die Inseln erreichen. Sie bieten allerdings auch nur relativ wenigen Passagieren Platz.

Auch im Bereich der Nordfriesischen Inseln sind gewisse Schifffahrtsrouten nicht jederzeit passierbar. Auf einer meiner Fahrten zur Hallig Hooge gelang es dem Kapitän nur, mit dem umgewendeten Schiff eine Untiefe zwischen zwei Prielen zu überwinden: Die Schraube voraus wirbelte Sand und Schlick auf, das Schiff wurde von der Schraube durch die seichte Stelle gezogen. Das Manöver gelang!

Eine grundsätzliche, wichtige Erfahrung im Wattenmeer ist, dass es dort keinen «normalen Wasserstand» gibt. Die Grenze des Wassers zum Land verschiebt sich unaufhörlich. Wie zeichnet man diese Küste auf einer Karte ein? Das ist nur scheinbar eindeutig und einfach. Auf Land- und Seekarten sind Normalnull oder Normalhöhennull bezeichnet. Oder der Hochwasserstand. Es ist aber nirgends gleichzeitig ein Hochwasserstand erreicht. Deswegen zeigt eine Landkarte im Wattenmeer nie die realen Verhältnisse der Wasserstände oder Wassergrenzen, sondern nur das theoretische «Normalnull» oder «Normalhöhennull», unabhängig davon, ob an einem Küstenabschnitt gerade Hoch- oder Niedrigwasser herrscht. Man müsste zur Abbildung der realen Verhältnisse von Minute zu Minute eine neue Karte zeichnen.

Die NN-Linie ist nur eine theoretische, man kann fast sagen, willkürlich festgelegte Marke. Das Normalnull wurde Ende des 17. Jahrhunderts am Amsterdamer Pegel für die Nordsee festgelegt. Für die Ostsee besteht der Kronstädter Pegel (bei Sankt Petersburg), für das Mittelmeer wurde der Pegel von Triest entscheidend. Heute versucht man, die Pegel innerhalb der Europäischen Union zu vereinheitlichen; maßgeblich dafür soll der Amsterdamer Pegel sein. Die Festlegung der Höhen ist wichtig, man will ja auch genau wissen, ob der Meeresspiegel im Lauf der Jahre ansteigt oder zurückgeht. Grundsätzlich bleibt jedoch anzuerkennen, dass ein Wasser-*Stand* in Meeren niemals eine Konstante sein kann, sondern eine unaufhörliche Dynamik von Minute zu Minute, von Stunde zu Stunde, von Tag zu Tag, von Jahr zu Jahr besteht. Das ist nun einmal Natur! In flachen Meeresbereichen ergeben sich dadurch besonders erhebliche Veränderungen, die sich nur teilweise vorhersehen lassen.

Verschiedene Formen von Küsten, verschiedene Formen von Watt

Auf der Welt bestehen verschiedene Arten von Küsten, aber die meisten sehen ganz anders aus als die Nordseeküste des Wattenmeeres zwischen Belgien und der Nordspitze Jütlands. Und nicht an jeder Küste gibt es ein ausgedehntes Watt. Weltweit am weitesten verbreitet sind mehr oder weniger weit aufragende Felsküsten. Sie haben keinen Bestand, sondern werden vom Meerwasser angegriffen und zurückverlagert, das heißt, Land bricht ab, so dass sich die Küstenlinie landwärts verschiebt. Wo Brandung herrscht, wird Land zerstört, selbst dann, wenn der Meeresspiegel nicht ansteigt. Die Wellen brechen sich an den Felsen, und es entsteht eine Brandungskehle, die den Felsen unterhöhlt. Schließlich kann er abbrechen und stürzt dann ins Wasser. Der Teil des Felsens, der nach dem Abbruch einer Steilküste unter Wasser zu liegen kommt, bleibt als sogenannte Schorre lange bestehen. Oberhalb der Brandungskehle bricht der Felsen immer wieder ab, wenn er zu weit übersteht. Vor allem dann fallen Steine auf die Schorre. Sie werden weiter zerkleinert. Schwere Brocken bleiben an Ort und Stelle liegen. Kleine Steine und noch feinere Partikel, Sand, Schluff und Ton, werden vom Wasser unterschiedlich weit bewegt. Wellen treffen schräg auf die Küste und laufen schräg wieder ab. Das muss so sein, denn sonst würden sie sich gegenseitig blockieren. Sie treffen aber beim Zurücklaufen auf eine neue Welle, die sich der Küste nähert. Bei der Kollision der Wellen verlieren sie an Kraft, das transportierte Material, das nun für die Wellen zu schwer geworden ist, wird in einem Riff abgelagert, bis eine stärkere Strömung das Sediment wieder aufnimmt und weiter verlagert.

Der schräge Lauf der Wellen sorgt dafür, dass Steine, Sand, Schluff und Ton mit der Zeit seitwärts transportiert werden. Die Wellen erlahmen nach den Seiten mehr und mehr, so dass schließlich nur noch feines Material transportiert wird. Das Riff kann nach den Seiten wachsen, auch aus dem Bereich der Steilküste hinaus. Es bildet sich ein Haken. Wenn er eine ganze Bucht abschneidet, wird er zu einem geschlossenen Strandwall oder einer Nehrung oder – in internationaler Terminologie – zu einem Lido.

Hinter Nehrung oder Lido bildet sich ein stilles Gewässer, Haff oder Lagune genannt, das einen anderen Charakter hat als das offene Meer. Wenn es ganz flach ist, spricht man an der Ostsee auch von einem Bodden. In der Regel gibt es im Haff viel weniger Brandung, und das Wasser hat oft einen geringeren Salzgehalt. Nur wenig Meerwasser gelangt nämlich ins Haff, dagegen lassen Regenwasser, das auf die Haff-Oberfläche fällt, und Zuflüsse vom Land her das Wasser brackisch werden oder gar aussüßen.

Es gibt aber auch den genau gegenteiligen Fall: In sehr trockenen Gegenden verdunstet viel Wasser aus den flachen, abgeschnittenen Meeresbereichen, und der Salzgehalt nimmt zu. Wie dem auch sei: In den abgeschnittenen Meeresbereichen hat das Wasser auf jeden Fall einen vom Meerwasser abweichenden Salzgehalt, so dass sich die Verhältnisse in der Lagune von denen im offenen Meer ökologisch stets deutlich unterscheiden.

Insgesamt bildet sich eine Ausgleichsküste: Ins Meer ragende Küstenabschnitte werden abgetragen, tiefe, also weit ins Binnenland reichende Buchten werden abgeschnürt, so dass idealerweise eine beinahe gerade Küstenlinie entsteht. Im freien Meer und im Haff herrschen wegen der verschiedenen Salzgehalte auch unterschiedliche Bedingungen der Evolution und der Selektion von Lebewesen. Man kann sich daher vorstellen, dass gerade die Unterschiede zwischen dem offenen Meer und dem Haff unterschiedliche Selektionsbedingungen liefern und die flachen und begrenzten Küstenbereiche eine entscheidende Funktion bei der Entstehung von Biodiversität hatten und haben.

In einzelnen Individuen kann es jederzeit zu spontanen Mutationen kommen. Diese Erbgutveränderungen können zu Abwandlungen der Eigenschaften von Organismen führen, die unter den gegebenen Bedingungen sich eher als ungünstig oder aber auch als günstig herausstellen. Wichtig ist es, dass die gegebenen ökologischen Bedingungen beachtet werden; denn einzelne Individuen sind nicht immer «stärker» oder «besser angepasst» im Sinne eines zu einfach aufgefassten Darwinismus. Im freien Meer und in einem Haff herrschen unterschiedliche Bedingungen, was Brandung und Salzgehalt betrifft. Daher sind im Meer und im Haff unterschiedliche Varianten von Organismen überlegen. Da die beiden Bereiche Meer und Haff durch die Nehrung geographisch voneinander getrennt sind, so dass es zu keinem genetischen Austausch zwischen Organismen im Haff und im Meer kommen kann, können sich in der Isolation voneinander unterschiedliche Populationen bzw. dann auch unterschiedliche Arten von Organismen herausbilden. Auf diese Weise können aus einer einheitlichen Population zwei unterschiedliche entstehen, eine, die bei einem höheren Salzgehalt vitaler ist, und eine andere, die im Wasser mit geringerer Salzkonzentration besser lebt. Solche Vorgänge sind sehr wichtig für die Entwicklungsschritte des Lebens auf der Erde. Bei geringem Salzgehalt können sich in einigen Haffs auch Vorläufer von Lebewesen herausgebildet haben, die im Brackwasser oder Süßwasser leben, welche wiederum Vorläufer von Landlebewesen waren.

An Flachküsten, die von lockerem Material geformt sind, entstehen geschlossene Nehrungen oder Lidos nur bei geringem Tidenhub. Sie sind typisch für die Ostsee und das Mittelmeer mit seinen Seitenmeeren, etwa das Schwarze und das Asowsche Meer, die holländische Westküste und Teile der französischen Atlantikküste, auch viele Bereiche der Ostküste Nordamerikas.

Bei stärkerem Tidenhub bilden sich Barriere-Inseln, die in der südlichen Nordsee weltweit am besten ausgebildet sind. Die meisten Ostfriesischen und Westfriesischen Inseln sind solche Barriere-Inseln.

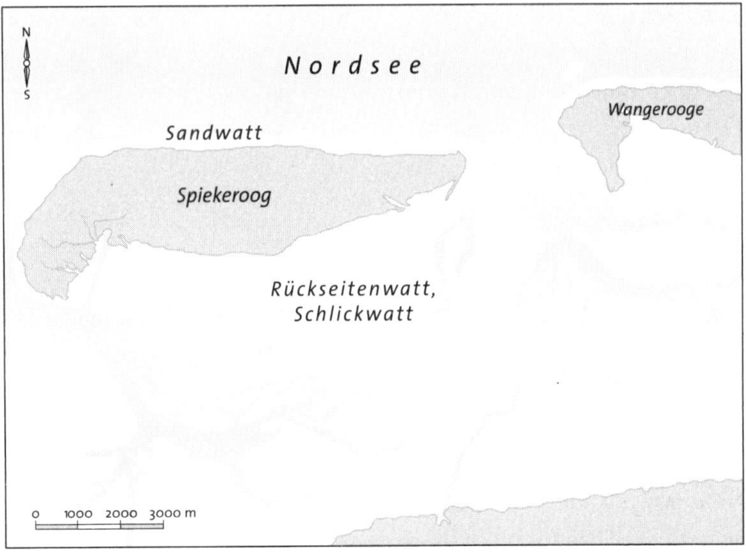

Tidengewässer (Priele oder Gatts) zwischen Barriere-Inseln an der Nordsee. An der dem Meer zugewandten Seite der Inseln besteht ein Sandwatt mit stärkeren Strömungen, hinter den Inseln ein Rückseitenwatt (Schlickwatt) mit feinerem Sediment.

Grund für die Entstehung dieser Form von Inseln ist die starke Ebbströmung, die eine Bildung einer geschlossenen Nehrung verhindert und zwischen den Inseln, die sich stattdessen bilden, Tiefs, Gatts oder Gaten in den sandigen Untergrund reißt. Gatts können viele Meter tief sein. Der Begriff Gatt ist sprachlich verwandt mit dem dänischen Wort «gade» für Straße, denn ein Gatt ist eine geeignete Wasserstraße zur Küste und zwischen den Inseln; man kann den Begriff auch vom englischen Wort «gate» für ein Tor herleiten. Die starke Strömung formt tiefe Rinnen zwischen den Inseln, die selbst auch keine stabilen Gebilde sind, sondern ihre Lage außerdem durch küstenparallele Strömungen verändern – diese Strömungen treten an den Barriere-Inseln ebenso auf wie an geschlossenen Nehrungen.

Zu noch stärkerem Tidenhub von mehreren Metern kommt es in

Randlagen der Nordsee, vor allem im Inneren der Deutschen Bucht, also in den Mündungsbereichen von Elbe und Weser, aber auch an der Emsmündung. Man bezeichnet die dort vorhandenen Inseln als Platen. Sie sind rundlich und verändern ebenfalls dauernd ihre Positionen, wenn der Mensch nicht dagegen vorgeht. Zu ihnen gehören Neuwerk und Scharhörn. Borkum besteht aus zwei Platen, die durch einen Deich verbunden wurden, der den Bereich «Tüskendöör» trocken oder landfest hält (ostfriesisch heißt dies «zwischendurch»). Dort gab es ehemals ein schmales Gatt, das durchdeicht wurde, so dass eine größere Insel entstand. Borkum ist nur wegen des Deiches zwischen seinen beiden Teilen die größte Ostfriesische Insel. Von Natur aus wäre sie das nicht.

Barriere-Inseln in Nordfriesland sind nicht deutlich ausgebildet. Man kann ähnliche Bildungen finden, sie sind aber keine eigenständigen Inseln: Die Sandbänke im Westen von Amrum und an der Westküste von Eiderstedt (Sandbänke von Sankt Peter und Westerhever) und in deren Umgebung sind ähnlich geformt wie Barriere-Inseln, aber sie sind keine Inseln, sondern «nur» Sandbänke.

Man unterscheidet nicht nur verschiedene Formen von Felsen- und anderen Steilküsten von Flachküsten, es bilden sich an ihnen auch verschiedene Arten von Watt aus. Es gibt nicht nur Schlickwatt, das man an der Nordseeküste kennt. Weltweit stärker verbreitet sind das Sandwatt und vor allem das Felswatt an felsigen Küsten, etwa in Skandinavien, auf den Britischen Inseln oder in Frankreich, in Deutschland nur auf Helgoland. Besonders berühmte Felsen gibt es an der französischen Küste, etwa in Étretat oder den Mont St. Michel (Weltkulturerbe).

Ein Watt oder ein Eulitoral gibt es an allen Küsten, an denen Gezeiten auftreten. Besteht dort eine Felsenküste, von der Gesteinsmaterial abbricht, existiert dort ein Felswatt: Je nach Wasserstand der Tiden werden die Felsen bis in größere oder geringere Höhen vom Meerwasser erreicht.

Ein Felswatt (siehe Tafel 2) ist noch schwerer zu betreten als ein Schlickwatt. Der steinige Boden ist von großen Algen bewachsen, die man als Tang oder Kelp bezeichnet. Weiterer abgerissener Tang aus dem Sublitoral wird an den Felsküsten angespült. Die großen Algen bleiben über einen gesamten Tidenzyklus feucht und rutschig, denn bei Ebbe wird das Felswatt ebenfalls nicht völlig trocken. Keineswegs kann man das Felswatt barfuß betreten und dort eine Wattwanderung machen; denn man würde sich an den scharfen Kanten von Felsen und Steinen die Füße aufschneiden. Man braucht also hohe Stiefel, besser Wathosen, um sich mühsam durch das Felswatt zu bewegen. Das Felswatt ist gefährlich, immer wieder kommt es zu Steinschlag aus den steil aufragenden Felsen. Man wird nur dann dorthin gehen, wenn man spezielle Interessen hat, etwa an Pflanzen und Tieren, und man muss bestimmte Vorsichtsmaßnahmen beachten. Keineswegs darf man wegen der Steinschlaggefahr zu dicht an den Felsen entlanggehen, und man muss das Felswatt rechtzeitig wieder verlassen, bevor einem von der Flut der Rückweg abgeschnitten wird.

Sandwatt gibt es am Sandstrand von Nehrungen, Barriere-Inseln und Platen (siehe Tafel 3). Durch das Steigen und Fallen von Wasser sowie die unterschiedlichen Strömungen können sich Rippel auf der Sandoberfläche bilden. Sie nehmen an kleinen Unebenheiten ihren Ausgang und vergrößern sich nach den Seiten hin.

Wenn der Sand trockenfällt, kann er vom Wind aufgenommen und verweht werden. An Hindernissen bleibt er liegen: an Schalen von Muscheln und Schnecken oder an anderen Gegenständen, die auf dem Strand zurückgeblieben sind. Dauerhaft kann Sand an Pflanzen hängen bleiben, an Dünenquecke oder Meerkohl. An solchen Stellen kann sich die Initiale einer Düne bilden, eine Anhäufung von Sand, die schließlich von Strandhafer oder Strandroggen bewachsen wird. Diese Gräser können mit ihren weitverzweigten Wurzelsystemen viel Sand festhalten und ansammeln. Ihre Wurzeln bilden dabei immer wieder neue Etagen von Ausläufern aus, so dass sowohl die Gräser als auch die Sandanhäufungen in die Höhe wachsen. Der Strandhafer hat noch einen weiteren Namen, «Dünenhelm». Und tatsächlich sieht er so aus wie ein Helm, der, vom Wind bewegt, oben auf der Düne steht.

Das Sandwatt besucht man als Urlauber am liebsten, denn vom Sandstrand aus, der – im Gegensatz zu den Dünen – von normalen

Tiden teilweise überflutet wird, badet man im Meer. Während eines Tidenzyklus trocknet der Sand oberflächlich weitgehend ab – im Unterschied zu anderen Formen von Watt. Sollte Meerwasser zu den Dünen vorstoßen, werden sie zerstört, denn der lockere Sand zerbröckelt oder zerfließt dann im Wasser. Normalerweise werden sie aber vom Meerwasser nicht erreicht. Unter der Einwirkung von Regenwasser wird Meersalz gelöst und aus dem Dünensand gespült, so dass die Düne selbst aussüßt und zu einem Süßwasserstandort wird. Der auf ihr wachsende Strandhafer ist sehr empfindlich gegenüber Salz im Boden und geht sofort ein, wenn sich Reste von Meersalz im Dünensand befinden oder wenn Salzwasser die Düne erreicht. Das Regenwasser, das in die Düne eindringt, mischt sich im Grundwasserbereich nicht mit Salzwasser, sondern schwimmt, weil es leichter als Salzwasser ist, als ein Süßwasserkissen auf Meerwasser. Der ursprünglich strahlend helle Sand der Weißdüne wird mit der Zeit dunkler, es bildet sich eine Graudüne, dann eine Braundüne. Denn es entwickelt sich Humus im Boden, oft breiten sich Moos und Heidekrautgewächse auf dem Dünensand aus. Der Boden wird saurer, Kalk und andere Mineralstoffe werden in den Untergrund verlagert. Die Düne erhält dann kein neues Sediment mehr, denn der Strandhafer verschwindet auf den saurer werdenden Böden. Die Düne wächst nicht mehr weiter nach oben. Aber es wird weiter Süßwasser in ihr akkumuliert; sichtbares Zeichen dafür ist, dass es zur Bildung eines Dünentalmoores oder eines kleinen Sees in Senken zwischen den Dünenkämmen kommen kann.

Das Süßwasser der Dünen ist exzellentes Trinkwasser, es lässt sich sehr gut für die Wassergewinnung nutzen. Im gesamten Nordseeküstenraum sind die Dünen die besten Trinkwasserspeicher, und man muss aufpassen, dass man nicht zu viel davon entnimmt. Dann würde nämlich das salzige Grundwasser ansteigen und die Dünenvegetation zerstören. Daran denkt man kaum, wenn man träumend in den Dünen liegt, oder auch dann, wenn man ausgiebig die Dusche im Hotelzimmer nutzt. Aber man sollte wissen, wie empfindlich die Dünen sind, sparsam mit Wasser umgehen und beachten, wo man die Dünen nicht betreten darf. Dort wurden unauffällige, aber dennoch deutlich sichtbare Zäune gezogen, an die man sich unbedingt halten muss.

In strömungsberuhigten Bereichen, vor allem im Rückseitenwatt hinter den Barriere-Inseln, lagert sich nur feiner Schlick ab. Meistens ist der Sand zu schwer für die sanfte Flutströmung, die dorthin vordringt; sie kann nur ganz feine Teilchen transportieren. Nur selten ist die Strömung stärker, dann kann auch Sand ins Rückseitenwatt gelangen. In der Regel aber wird dort nur feineres Sediment abgelagert, und es entsteht ein Schlickwatt, das für das Gebiet des Wattenmeeres charakteristisch ist. Auf dem Schlickwatt breitet sich ein grünlicher Algenrasen aus.

In einigen Meeren mit flachen Küsten, z. B. der Ostsee, gibt es ein Windwatt, in dem sich zu unregelmäßigen Zeitpunkten das Wasser in Abhängigkeit vom Wind zurückzieht oder Land überflutet wird. Bei Ostwind steigt der Wasserspiegel der Ostsee, bei Westwind sinkt er ab. Vom Schlickwatt oder Sandwatt unterscheidet sich das Windwatt dadurch, dass es nur unregelmäßig von Wasser bedeckt wird. Zwischen einzelnen Überflutungen kann lange Zeit vergehen, in der das vom Wasser nicht bedeckte Windwatt völlig abtrocknen kann. Ein Algenrasen bildet sich dort nicht, denn in den langen Perioden, in denen es keine hohen Wasserstände gibt, würde er austrocknen,

Der Nord-Ostsee-Kanal muss im Westen und im Osten Schleusen haben, in Brunsbüttel und in Holtenau, damit ein konstanter Wasserstand im Kanal gehalten werden kann. Im Westen besteht im Elbe-Ästuar ein starker Tidenhub der Nordsee. Im Osten herrschen aber die Bedingungen, die zur Bildung des Windwatts führen. Es muss verhindert werden, dass der Ostwind das Wasser aus der Ostsee in den Kanal drückt und es dort stark ansteigen lässt. Auch soll durch die Holtenauer Schleuse verhindert werden, dass ablandiger Westwind Wasser aus dem Kanal in die Ostsee fließen lässt. Das Niveau des Wasserspiegels im gesamten Kanal befindet sich sonst auf NN (Normalnull) und wird nicht von Tiden beeinflusst.[2]

Pflanzen im Watt

Pflanzliches und tierisches Leben entstand im Meer. Pflanzen stehen am Anfang der Nahrungskette, sie bauen durch Fotosynthese organische Substanz aus anorganischer auf, vor allem aus Wasser und Kohlenstoffdioxid. Pflanzliches Leben ist die Grundlage der Nahrung für alle Tiere, die entweder die Pflanzen oder aber andere Tiere fressen, die sich von Pflanzen ernährt haben. Pflanzliches Leben ist aber nur in einem ganz kleinen Bereich der Meere möglich: Nur in den obersten Metern des Wassers, der sogenannten euphotischen Zone, ist genug Sonnenlicht für die Fotosynthese verfügbar. Die vielen Schwebstoffe, die im Wasser suspendiert sind, verhindern oft schon ein Eindringen von Licht in Wassertiefen von wenigen Metern. Wie weit die euphotische Zone in die Tiefe reicht und pflanzliches Leben möglich ist, hängt von der Wellenlänge des Lichts und der Menge an Schwebstoffen ab. In zehn Meter Wassertiefe ist nur noch etwa ein Prozent des roten Lichtes vorhanden. Blaues Licht dringt in tiefere Wasserschichten ein, aber auch nicht weiter als 150 Meter.

Pflanzen, die in einem erstaunlich kleinen Teil des Meeres leben, nämlich maximal in den obersten etwas über 100 Metern, versorgen also den gesamten Wasserkörper bis in die Tiefsee mit Sauerstoff und zugleich die im Meer lebenden Tiere mit Nahrung. Selbst die in der Tiefsee lebenden Tiere sind von den Pflanzen abhängig, die in den obersten Metern des Wasserkörpers leben.

Besonders viel Fotosynthese kann im amphibischen Lebensraum Watt geleistet werden; dort wird besonders viel Sauerstoff produziert und Kohlenstoffdioxid verbraucht. Dort gibt es die weltweit besten Voraussetzungen für pflanzliches Leben: Licht steht reichlich zur Verfügung, weder die Bäume eines Waldes noch Schwebstoffe im Wasser schränken den Zutritt von Sonnenlicht für die Fotosynthese der Pflanzen ein, Wasser und darin gelöste vielfältige Mineralstoffe stehen in unbegrenzter Menge zur Verfügung, Kohlenstoffdioxid ist ebenfalls optimal verfügbar; es löst sich zwar auch im Wasser, aber ungleich besser in der Luft. Wegen all dieser hervorragenden Voraussetzungen ist der Algenrasen des Schlickwatts das produktivste Ökosystem der Welt: Dort werden große Mengen an Kohlenstoff in Biomasse gebunden, und Sauerstoff wird freigesetzt. Das ist sichtbar: Gasblasen steigen im Wasser auf. Es bildet sich Schaum. Die Blasen platzen: Der Sauerstoff gelangt in die Luft.

Der Algenrasen besteht aus einzelligen Algen, vor allem aus Kieselalgen, die auch im Plankton anzutreffen sind. Immer wieder bleibt Plankton auf dem Watt liegen und bildet dann den Algenrasen. Und immer wieder werden die Organismen des Algenrasens auch wieder vom Wasser aufgenommen, in dem sie dann als Bestandteile von Plankton schweben. Man könnte diese einzelligen Algen als Bestandteile eines «reversiblen Planktons» bezeichnen. Denn sie gehören sowohl zum Algenrasen als auch zum Plankton. Beides ist wichtig für ihre Lebensweise. Im Watt leisten sie am meisten Fotosynthese, sind also am produktivsten, und sie nehmen dort den Quarz auf, aus dem die Schalen der Kieselalgen gebildet werden. Im Plankton gelangen sie theoretisch unbegrenzt an jeden Ort der Weltmeere. Da sich die Algen im Watt besonders stark vermehren, kann man davon ausgehen, dass dieser Lebensraum ein wichtiger «Lieferant» für Algen an die Meere der Welt ist, die insgesamt eine bedeutende Nahrungsquelle für sehr viele Meerestiere sind. Neben den Diatomeen oder Kieselalgen, deren Schönheit und Formenvielfalt schon seit langer Zeit die Mikroskopiker begeistert, gehören Goldalgen (Chrysophyceae) zu diesen Organismen. Auf Tafeln arrangiert, wurden die ausgesprochen hübschen, mikroskopisch kleinen Algen immer wieder zu Gesamtkunstwerken zusammengestellt.

Will man Diatomeen unter dem Mikroskop betrachten, holt man sich am besten eine Planktonprobe, die mit einem sehr feinmaschigen Planktonnetz aus dem Meer gefischt wurde. Man kann auch sehr vor-

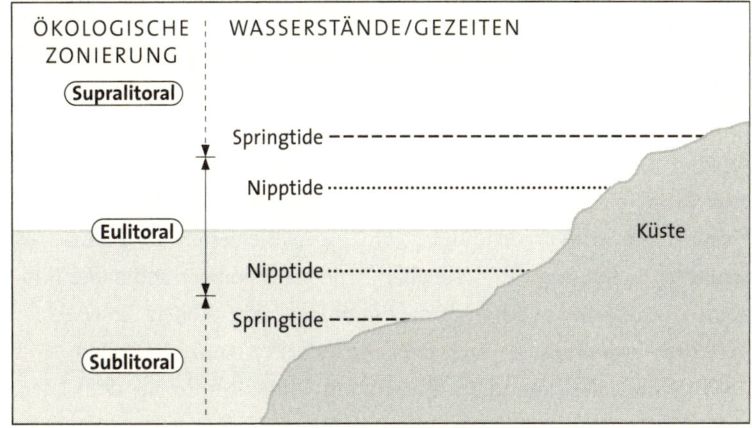

Zonierung der Wassertiefen im Watt an der Nordsee

sichtig die Oberfläche von Schlickwatt entnehmen, indem man mit einem Finger darauffasst. Man darf nur ganz wenig Material nehmen und auf den Objektträger legen, damit die Kieselalgen nicht von Sand- und Tonkörnchen zugedeckt werden.

Untergliedern lassen sich Kieselalgen in runde Formen, die Centrales, und stäbchenförmige Organismen, die als Pennales bezeichnet werden. Diatomeen werden von einem zweiteiligen Kieselsäurepanzer umgeben, der sie mit einem Unterteil (Hypotheca) und einem Oberteil oder Deckel (Epitheca) einhüllt. Vor allem bei den Centrales ist die Ähnlichkeit mit einer Hutschachtel evident. Bei der Zellteilung erhält jede Tochterzelle nur eine Panzerhälfte; die andere muss ergänzt werden. Den Rohstoff dafür gibt es im Sediment des Watts: Viele Sandkörner und Sandkörnchen bestehen ebenso wie die Kieselsäurepanzer der Diatomeen aus Quarz.[3] Schleimige Ausscheidungen der Diatomeen und anderer Organismen halten Wasser über die Zeit eines Tidenzyklus fest. Dieser Schleim macht die Oberfläche des Schlickwatts «glitschig».

Im Felswatt leben ganz andere Algen. Sie wachsen zu vielzelligen Organismen heran, die beträchtliche Größen erreichen. Man bezeichnet solche Makroalgen als Tang oder Kelp. Sie ähneln den Blütenpflanzen, sind aber dennoch ganz anders organisiert. Denn eine Blütenpflanze ist in Wurzel, Spross und Blatt gegliedert, und die sich unterscheidenden Teile der Pflanze müssen von den anderen versorgt werden. Den gesamten Pflanzenkörper bezeichnet man als Kormus, eine Einheit aus Wurzel, Spross und Blatt. Bei den großen Algen im Felswatt gibt es wurzelähnliche Rhizoide, mit denen die Pflanze auf festem Stein befestigt ist. Stängelähnliche Cauloide verbinden die Rhizoide mit blattartig verbreiterten Phylloiden. Alle Zellen dieser Algen betreiben Fotosynthese, auch die Rhizoidzellen, und alle Zellen, auch die Phylloidzellen, nehmen Wasser und Mineralstoffe aus dem Meer auf. Eine gegenseitige Versorgung einzelner Teile der großen Algen oder des Tangs ist dagegen nicht notwendig. Die einzelnen Teile der Pflanze versorgen sich nicht gegenseitig, ihre Zellen können autonom bestehen und Stoffwechsel betreiben. Die gesamte Pflanze besteht aus einer Kolonie unabhängiger Zellen, die man als Thallus bezeichnet.

Bei den wechselnden Wasserständen im Felswatt treiben die Phylloide möglichst weit an die Wasseroberfläche. Je nach Pflanzenart können sie sich um Meter höher oder tiefer positionieren. Dort wird stets die beste Fotosyntheseleistung erzielt. Bei niedrigen Wasserständen hält der Tang durch schleimige Ausscheidungen, die seine Oberfläche überziehen, ebenso Wasser fest wie die Diatomeen im Schlickwatt. Mehrere Tangpflanzen, die durch Schleim lose miteinander verklebt sind, stauen dann Wasser von sogenannten Rockpools oder Gezeitentümpeln an, die sich auf der aus dem Wasser auftauchenden Schorre bilden. In den Rockpools können zahlreiche Tierarten die Zeit niedrigen Wasserstandes überleben, und die Pflanzen können ebenso wie diejenigen im Schlickwatt optimale Fotosynthese betreiben.

In den seichten Rockpools bleibt nicht nur Wasser mit den darin gelösten Mineralstoffen für einige Stunden in ausreichender Menge vorhanden, bis die nächste Flut den Tümpel erreicht, sondern es gibt auch ebenso wie im Schlickwatt keinen Schatten, so dass Sonnenlicht ungehindert Zutritt hat, und es steht genügend Kohlenstoffdioxid in der Luft zur Verfügung.

Algen sind sowohl die vielzelligen Organismen des Felswatts als auch die Einzeller im Schlickwatt. «Alge» ist eigentlich nichts anderes als eine Bezeichnung für eine typische Wasserpflanze, ob sie nun ein- oder vielzellig ist. Einzellige Algen wie die Diatomeen und vielzellige Algen wie der Tang sind nahe miteinander verwandt. Sie kommen an ganz ähnlichen Orten im Watt vor, und dort betreiben sie im großen Umfang Fotosynthese.[4]

Immer wieder werden die oft um die zwei Meter langen Gewächse von ihren Wuchsorten abgerissen und an den Strand gespült. Besonders hübsch sind viele Rotalgen, einige erinnern an Eichenblätter und heißen deswegen Eichentang (Phycodrys rubens), andere werden See- oder Meerampfer (Delesseria sanguinea) genannt. Tatsächlich könnte man sie für einen rötlichen Ampfer halten, aber es besteht keinerlei Verwandtschaft: Der Ampfer ist ein Kormophyt, der Meerampfer ein Thallophyt.

Abgerissener Meersalat lässt sich überall im Wattenmeer finden. Man kann davon sehr einfach ein mikroskopisches Präparat anlegen, in dem bei einhundert- bis vierhundertfacher Vergrößerung einzelne Zellen und die darin befindlichen Chloroplasten sichtbar werden. Nur zwei Zelllagen liegen übereinander, unter dem Mikroskop kann man durch das gesamte Phylloid der Pflanze hindurchsehen.

Für ein Algenherbar mit Tangpflanzen breitet man die klatschnassen Algen so, wie man sie am Meer gefunden hat, auf einem Bogen Papier aus, das etwas kräftiger als normales Schreibpapier sein sollte. Der Bogen muss zuvor mit dem Namen der Alge und dem Fundort beschriftet sein (mit Bleistift, weil Tinte im Wasser natürlich verwischt wird). Den Papierbogen mit der Alge legt man auf ein Brett (am besten aus Kunststoff) in eine Wanne mit Süßwasser. Dabei wird Salz aufgelöst, das nachher im Algenherbar, auf der getrockneten Alge, nicht schön aussieht. Papier und Alge müssen völlig durchnässt sein; dann lässt sich die Alge am besten auf dem Papier und dem darunterliegenden Brett ausbreiten. Das Brett mit dem Präparat zieht man dann vorsichtig schräg aus der Wanne. Das Papier mit der Alge wird mit einem besonderen Papierbogen abgedeckt. Die Algenbögen legt man zusammen mit mehreren darunter- und darüberliegenden Fließpapierbögen in eine Pflanzenpresse ein, in der mehrere Algen gepresst werden können. Die Pflanzenpresse wird mit schweren Gewichten versehen. So lässt man die gepressten Pflanzen einen Tag lang liegen. Anschließend muss man die Proben umlegen; die feuchten Fließpapierbögen werden dabei aus der Pflanzenpresse entfernt. Die Pflanzenbögen werden mit dem Deckpapier zwischen neue, trockene Fließpapierstapel gelegt. Zum Trocknen der Bögen verwendet man idealerweise Trockenschränke, die man über Nacht auf Temperaturen von 40 bis 60 Grad Celsius einstellt. Man muss die Pflanzenbögen mehrmals zwischen neues, trockenes Fließpaper legen, um sie völlig trocken zu bekommen. Dann aber hat man wunderschöne Präparate, an denen sich sogar die feinsten Zipfelchen der Phylloide oder selbst die feinen Phylloidteilchen vom Kammtang (Plocamium cartilagineum) hervorragend erkennen lassen. Einige Mühe muss man darauf verwenden, bis alle Teile des Phylloids von der Gabelzunge (Dictyota dichotoma), einer zarten Braunalge, nebeneinanderliegen. Von der Grünalge Pinseltang (Cladophora rupestris) hingegen darf man nicht zu viel in die Pflanzenpresse legen. Kleinere «Portionen» der Pflanze, die wie ein Rasierpinsel aussieht, wirken auf dem Herbarblatt schöner als Präparate, bei denen zu viele Phylloidzipfel neben- und übereinanderliegen. Anders als bei einem «normalen» Herbar von Samenpflanzen muss man die Algen auf dem darunterliegenden Papier nicht festkleben; sie werden durch die noch vorhandenen Reste von Algenschleim von selbst festgehalten.

An den schleimigen Ausscheidungen der Makroalgen im Felswatt wird genauso wie an denjenigen der Mikroalgen im Schlickwatt Wasser für die Dauer einer Tide zurückgehalten. So kann weiterhin Fotosynthese betrieben werden, und das sogar besonders intensiv, und auch Tiere können die Zeit niedrigen Wasserstandes an der Wattoberfläche oder in Rockpools überleben.

Im Schlickwatt wird die Oberfläche des Algenrasens aus Cyanobakterien, die man früher als Blaualgen bezeichnete, Kieselalgen (Diatomeen) und einigen anderen Algen, darunter Goldalgen, allmählich aufgehöht. Die schleimige Konsistenz des Algenrasens mit dem daran festgehaltenen Wasserfilm führt zu einem Luftabschluss im darunterliegenden Sediment. Unter der luftundurchlässigen Schicht des Biofilms wird Eisen chemisch reduziert, es entsteht eine schwarze Eisen-Schwefel-Verbindung direkt unterhalb des Biofilms, den die Algen bilden. Mit dem schwarzen Sediment kann man «Body-Painting» betreiben. Es ist ein beliebtes Kinderspiel, sich den Körper beim Baden schwarz zu bemalen. Im Wasser ist die schwarze Farbe rasch wieder abgewaschen; aus der Kleidung ist sie allerdings erheblich schwerer zu entfernen, und auch unter den Fingernägeln hält sich das schwarze, aus Eisen und Schwefel bestehende Sediment hartnäckig. Unterhalb des Biofilms wird organische Substanz nicht zersetzt. Diejenigen Organismen, die die Stoffe zersetzen, sind nämlich auf das Vorhandensein von Sauerstoff angewiesen.

Im aktuell bestehenden Schlickwatt kann der Luftabschluss des Biofilms auch aufgehoben werden, beispielsweise durch Bohrlöcher des Wattwurms. Eine erkennbare Folge davon ist, dass dann das Eisen «rostet». Durch den Kontakt mit Sauerstoff bildet sich rotes Eisenoxid. Es entstehen die Muster des Farbwatts mit schwarzen und roten Bereichen. Die vom Sauerstoff erreichten Zonen können auch von anderen Lebewesen besiedelt werden. Dort können beispielsweise Samen keimen; für die Keimung wird Sauerstoff benötigt.

Ganz allmählich sammelt sich Sediment an: einzelne Sandkörner, etwas mehr feineres Sediment, Schluff und Ton, und darüber bildet sich immer wieder ein neuer Biofilm aus Algen. Im Lauf der Zeit werden die Flachwasserbereiche immer noch flacher. Das Wasser erwärmt sich immer stärker, und das Leben entwickelt sich immer besser und reichhaltiger in den flachen Wasserbereichen. Doch das führt unweigerlich in die Katastrophe. Wenn der Flachwasserbereich immer weiter verlandet, steht immer weniger Lebensraum zur Verfügung. Schließlich gibt es für die Organismen dort kein Entkommen mehr ins freie Meer. Sie sterben, weil ihr Lebensraum verloren geht, und wenn sie die einzigen Vertreter ihrer Art sind, sterben auch ganze Arten von Lebewesen aus.

Die Verlandung des Flachwasserbereichs verläuft schneller, wenn die Lebewesen darin noch zusätzlich Kalk bilden: Schalen von Muscheln oder Schnecken, Knochen und weitere Substanzen. Dieser biogene Kalk entsteht übrigens nur, wenn Pflanzen organische Substanz über die Fotosynthese aufbauen und die organischen Stoffe mit Calcium zu Kalk werden. Im flachen Wasser bleiben Kalkreste nach dem Tod der Lebewesen erhalten und führen zur beschleunigten Verlandung. Dieser Vorgang spielte sich beispielsweise in der Jurazeit ab, als sich reichhaltiges Leben in flachen Buchten entwickelte.

Eigenartigerweise findet dieser eigentlich naheliegende Grund für die Katastrophe eines Artensterbens zu wenig Beachtung. Viel eher werden andere Katastrophen als Gründe für ein Artensterben herangezogen, etwa ein Vulkanausbruch, ein Tsunami oder ein Meteoriteneinschlag. Ein Artensterben kann aber auch allein auf die Verlandung von flachen Meeresbereichen zurückgehen, zu der es von Natur aus unweigerlich kommt. Bei diesem Vorgang können viele Arten von Lebewesen, die sich zuvor herausgebildet haben, nicht mehr ins freie Meer «entfliehen» – und das geschah auch für viele Organismen gleichzeitig, wenn sich an der Oberfläche der Erde viel Kalk (wie in der Jurazeit) bildete. Gerade das in weiten Teilen flache Jurameer mag sich als eine Art von «Falle» für viele Organismen entwickelt haben: Dort endete die Entwicklung vieler Arten von Sauriern, für die es schließlich keinerlei Entkommen in andere Bereiche der Meere gab.

Aus den Kieselsäurepanzern von Diatomeen können auch Lagerstätten entstehen, aus denen sich Kieselgur bildet. Kieselgur besitzt wegen der filigranen Kieselsäurestrukturen eine große Oberfläche, die bei der Dynamitherstellung wichtig ist. Alfred Nobel baute sein Dynamitwerk nicht in Schweden, sondern in Geesthacht nahe der Kieselgur-Lagerstätten im Sediment ehemaliger Meere, die in der Lüneburger Heide von Gletscherschutt überlagert worden waren. Die ersten Orte auf der Welt, an denen Kieselgur abgebaut wurde, befanden sich in der Lüneburger Heide. Abgebaut wurde von 1863 bis 1994. Heute wird Kieselgur in anderen Erdteilen gewonnen.

Das marine Nahrungsnetz

Pflanzen stehen als Produzenten am Anfang des Nahrungsnetzes. Sie bauen durch die Fotosynthese aus den in der Erdatmosphäre reichlich vorhandenen Substanzen Kohlenstoffdioxid und Wasser komplexe Kohlenhydrate und, davon ausgehend, zahlreiche andere organische Substanzen auf. Tiere ernähren sich von dieser organischen Substanz, indem sie Pflanzen fressen oder Tiere, die sich von diesen Pflanzen ernährt haben. Im Schlickwatt wachsen und vermehren sich vor allem Diatomeen und andere einzellige Pflanzen sowie Cyanobakterien besonders stark. Cyanobakterien wurden deswegen zu den Algen gerechnet, weil sie Fotosynthese betreiben können. Aber sie haben keinen echten Zellkern und gehören daher zu den Mikroorganismen oder den Bakterien. Aus dem Algenrasen können Cyanobakterien und einzellige Algen immer wieder in das Plankton des Meeres aufgenommen werden.[5]

Ständig werden die einzelligen Algen im Schlickwatt auch wieder abgelagert: Mit der Flut gelangt das Plankton ins Watt, mit der Ebbe wird beim Ablaufen des Wassers ein Teil der Algen an die Oberfläche des Watts gepresst, ein anderer Teil wird ins offene Meer hinausgezogen, wo er dann zum Plankton gehört. Die Vermehrung der Diatomeen durch einfache Zellteilung findet wohl vor allem an der Oberfläche des Schlickwatts statt. Dort wird am meisten Fotosynthese betrieben, und dort steht auch der Rohstoff Quarz, aus dem die fehlende Schalenhälfte der Kieselalge ersetzt wird, reichlich zur Verfügung.

Auch die Dinoflagellaten leben mal im Plankton, mal auf der Oberfläche des Watts. Sie betreiben zwar Fotosynthese, können aber auch wie Tiere andere Organismen erbeuten und fressen. Einige Arten sind insofern besonders auffällig, als sie das Meeresleuchten auslösen. Dabei wird die Substanz Luciferin mit dem Enzym Luciferase in Kontakt gebracht. Vor allem funktioniert dies, wenn das Meerwasser recht warm ist, dann entwickeln sich Dinoflagellaten am besten. Unternimmt man in der Dämmerung oder nachts eine Wattwanderung, kann man mit jedem Schritt einen bläulichen Farbblitz erzeugen: Tritt man auf die Dinoflagellaten, kommt es zur Reaktion von Luciferin und Luciferase, ähnlich übrigens wie beim Streichen der Flügel über den Körper der Leuchtkäfer («Glühwürmchen»). Das Meeresleuchten lässt sich nicht nur im Watt beobachten; auch im freien Wasser kann es beispielsweise durch den Bug eines Schiffes ausgelöst werden, das auf Dinoflagellaten trifft.

Insgesamt ist die biologische Produktion der Einzeller ungeheuer groß. Sie kommen massenhaft vor, sind wichtige, oft ausschließliche Nahrung für ganz viele, auch sehr große Tiere, liefern die Biomasse und damit die Materie für die Bildung neuen Landes. Zusätzlich sinkt immer noch eine große Menge an abgestorbenen Algen in tiefere Meeresschichten, vor allem in den küstennahen Bereichen von Schelfmeeren, in denen der Anteil der vom Licht erreichten euphotischen Zone am gesamten Wasserkörper besonders groß ist. Unter erheblichem Druck anderer Gesteinsschichten und in langen Zeiträumen entstehen daraus Erdöl und Erdgas.

Tiere des Planktons werden als Zooplankton bezeichnet. Zu ihnen gehören beispielsweise die Ruderfußkrebse oder Copepoda (Copepoden) und mehrere Formen von Rädertierchen (Rotatorien). Im Plankton leben auch viele Larven, die sich später zu größeren Tieren entwickeln: die Pluteus-Larven, aus denen Schlangensterne und Seeigel hervorgehen, die Nauplius- und Zoea-Larven der Krebstiere und die Veliger-Larven von Muscheln und Schnecken. Nahrung vieler Tiere des Zooplanktons ist vor allem das Phytoplankton; auch Bakterien und anderes Zooplankton werden gefressen.

Zooplankton, das ebenso wie das Phytoplankton in sehr großen Mengen vorkommt, ist eine wichtige Nahrungsgrundlage für Muscheln, etwa die Miesmuschel, Heringe und Wale. Diese Tiere gehören zu den sogenannten Filtrierern, die aus sehr großen Wassermengen ihre winzig kleinen Nahrungsbestandteile herausfiltern. Die Unmengen an Planktonorganismen, die dem Wasser entnommen werden müssen, um einen Wal satt zu bekommen, sind kaum vorstellbar.

Viele weitere Tiere ernähren sich von Phytoplankton und Zooplankton. Die Wattschnecke (Hydrobia ulvae) kriecht bei niedrigen Wasserständen über die Oberfläche des Schlickwatts und «weidet» dabei sozusagen die oben auf dem Watt liegenden Algen ab. Steigt das Wasser, wird sie an der Wasseroberfläche festgeheftet und treibt dann mit dem Schneckenhaus nach unten im Wasser. Dabei nimmt sie Algen aus dem Plankton auf. Sinkt der Wasserspiegel, geht der «Weidegang» mit dem Schneckenhaus nach oben auf der Wattoberfläche weiter. Andere Schnecken, die vor allem im Felswatt lebenden Strandschnecken (Littorina littorea) und verwandte Arten, weiden die Oberflächen von Muscheln und Steinen ab. Sie können auch eine ganze Weile lang außerhalb des Wassers überleben. Sie verschließen dann ihr Gehäuse mit einem sogenannten Operculum und nehmen nicht – wie bei Wassertieren üblich – Sauerstoff mit Kiemen aus dem Wasser, sondern aus der Luft auf.

Auf dem harten Substrat des Felswatts sitzen Seepocken (Balaniden), besonders seltsam gebaute Krebstiere: Sie stecken kopfüber in einem von ihnen selbst gebauten Kalkpanzer, der am Felsen festgewachsen ist. Die Kalkpanzer können geöffnet und geschlossen werden. Aus offenen Seepocken, die man auch als Rankenfußkrebse (Cirripedier) bezeichnet, ragen tentakelförmige Beine nach außen, die Cirren, mit denen Plankton eingefangen wird. Unter einer Lupe kann man die rhythmischen Bewegungen als eindrucksvolles Schauspiel bewundern – man mag kaum davon ablassen. Bei Bedrohung werden die Kalkpanzer geschlossen. Man kann die Bedrohung auch selbst vortäuschen, indem man mit einem Stift oder einer Pinzette gegen die geöffnete Seepocke tippt. Sofort hört die Bewegung der Tentakelbeine auf, und die Seepocke verschließt sich. Im Felswatt der Nordsee kommt vor allem die Art Semibalanus balanoides vor. Sie kann auch in Bereichen leben, die nicht täglich vom Wasser erreicht werden, also im unteren Supralitoral, der Spritzwasserzone. Dort schließt sich der Kalkpanzer bei trockenen Außenbedingungen und öffnet sich wieder, wenn Wasser und Planktonnahrung die Tiere wieder erreichen.

Die Gewöhnliche Herzmuschel (Cerastoderma edule) ist die häufigste Muschel im Wattenmeer der Nordsee. Ihre beiden Schalenhälften sind unterschiedlich groß. Die Muscheln sind verschieden gefärbt, sie sind mal ganz weiß, oft aber auch eher bläulich oder gelblich. Die Farbe spielt beim Erkennen der Muschelart keine Rolle. Alle Muscheln, ob gelb, rot oder blau, sind Gewöhnliche Herzmuscheln. Sie graben sich direkt unter der Oberfläche des Watts in den Untergrund ein. Dort können sie sogar in einer sauerstoffarmen Umgebung leben. Aber ihre kurzen Siphonen reichen in jedem Fall bis an die Wattoberfläche heran, so dass sie auch in der sauerstoffarmen Schicht unter dem Biofilm der Algen an genügend Luft herankommen. Mit Wasser gelangt Nahrung in Form von Plankton in die Siphonen. Wird die Herzmuschel im Sand freigespült, kann sie sich mit ihrem Fuß an anderer Stelle erneut eingraben. Sie kann auch eine gewisse Strecke weit springen und dabei ihren Standort wechseln.

Die Miesmuschel (Mytilus edulis) baut Muschelbänke auf, die von Byssusfäden zusammengehalten werden. Mit diesen Fäden kann sich die Muschel auch einzeln am Untergrund befestigen. Aus dem Wasser filtert sie Nahrhaftes in Form von Algen und Bakterien heraus. Alle Miesmuscheln, die im Wattenmeer der Nordsee leben, könnten das gesamte Wasser des flachen Meeresbereichs innerhalb von zehn Tagen einmal filtrieren und dabei reinigen.

Die Baltische Plattmuschel, auch unter dem Namen Rote Bohne bekannt (Limecola oder Macoma balthica), und die Große Pfeffermuschel (Scrobicularia plana) bauen Röhren, die tiefer in den Untergrund reichen als bei verwandten Arten. Sie nehmen genauso wie andere Muscheln ihre Planktonnahrung über Siphonen auf, saugen sie aber zusätzlich auch an. Daher kann man sie nicht nur als Filtrierer, sondern auch als Pipettierer bezeichnen.

Die Europäische Auster (Ostrea edulis) bildete ehemals ganze Austernbänke, ist aber heute nahezu ausgestorben. Die Wissenschaft ist wegen des plötzlichen Verschwindens der Auster in der Nordsee schon früh auf den Plan getreten. Der Kieler Zoologe Karl August Möbius (1825–1908) wurde alarmiert und beauftragt, das Verschwinden der Auster genau zu untersuchen.[6] Er fand heraus, dass man die charakteristische und schmackhafte Muschel zu stark genutzt hatte. Dabei war die gesamte Lebensgemeinschaft um das Tier herum empfindlich gestört worden. Die übermäßige Nutzung ließ sich erklären: Auf neuen Transportwegen, unter anderem mit neu gebauten Eisenbahnen, konnten Austern seit der Mitte des 19. Jahrhunderts schnell und massenhaft in die Städte gebracht werden. Die Untersuchungen von Möbius führten zu einer die Zoologie und Ökologie revolutionierenden Erkenntnis: Er beschrieb, dass die gesamte Lebensgemeinschaft einer geplünderten Austernbank gestört war, und er führte den Begriff der Biozönose in die Ökologie ein. Die Arbeiten von Möbius wurden damit grundlegend für die Ökosystemforschung. Spätere Meeresbiologen ergänzten die Untersuchungen von Möbius und fanden heraus, dass auch klimatische Einflüsse das Verschwinden der Auster beeinflussten. Nur vereinzelt gibt es die ehemals so häufige Europäische Auster noch; vielerorts wurde aber die Pazifische Auster (oder Felsenauster; Magallana gigas oder Cassostrea gigas) rasch häufiger, die erheblich schneller wächst. Die meisten Austern, die man heute an der Nordsee findet, sind Pazifische Austern.

Der Wattwurm (Arenicola arenaria) lebt ebenso wie die Herzmuschel im Wattboden eingegraben. Er steckt gewissermaßen kopfüber in einer J-förmigen Röhre. Über seinen im Untergrund sitzenden Kopf sackt Sand nach unten, den er mitsamt den darin verborgenen Algen frisst. Er nimmt die Algen auf und scheidet den Sand wieder aus. Durch die Röhre wird er stoßweise nach oben befördert, dort bleibt er, einem Haufen Spaghetti ähnlich, an der Wattoberfläche liegen. Jeder einzelne Wattwurm an der Nordsee filtert auf diese Weise alljährlich etwa 25 Kilogramm Sand. Und alle Wattwürmer des Wattenmeeres zusammen reichen aus, um das gesamte Sediment des Gebietes jedes Jahr bis in zwanzig Zentimeter Tiefe einmal nach Algen zu durchsuchen.

Seltsame Lebewesen, die man auf den ersten Blick nicht unbedingt für Tiere hält, sind die Blumentiere (Anthozoa), zu denen die Tote Meerhand (Alcyonium digitatum), auch Tote Mannshand genannt, gehört. Sie ist eine Kolonie von Lederkorallen, die nicht – wie echte Korallen – in einer Symbiose mit Algen leben, sondern Plankton aufnehmen. Die Kolonien sehen Teilen einer Wasserleiche entfernt ähnlich und kamen auf diese Weise zu ihrem Namen. Auch Seeanemonen (Actiniaria) kommen im Wattenmeer vor. Nahe verwandt mit den Blumentieren sind Quallen, die sich von tierischem Plankton, teilweise auch von Phytoplankton oder auch kleinen Fischen ernähren.

Ein Tier, das man eher für eine Pflanze halten mag, ist das Blättermoostierchen (Flustra foliacea), das auf Hartböden aufwächst. Seine flachen Körper teilen sich, sie scheinen dichotome Verzweigungen von blattähnlichen Phylloiden zu haben. Sie sind aber nicht grün, und unter der Lupe erkennt man, dass sie aus Kolonien von winzigen Einzelorganismen bestehen.

Unter den Krebsen gibt es ebenfalls Planktonfresser, die Schlickkrebse (Corophium volutator). Die kleinen Tiere graben sich im Schlick in U-förmigen Röhren ein und erzeugen mit ihren Beinen eine Wasserbewegung, die Plankton in die Röhren strömen lässt.

Und auch Heringe (Clupeidae) und viele andere Fische ernähren sich von Plankton. Heringe sind aber keine Tiere des Watts und des Wattenmeeres, sondern des freien Wassers. Als Planktonfresser sind sie aber von der Produktion, dem Wachstum und der Vermehrung von Planktonorganismen im Watt abhängig; denn dort findet sie in besonders großem Maße statt. Selbst die Nahrung von Bartenwalen, zu denen der Blauwal gehört, das größte und schwerste Tier der Erde, besteht aus kleinstem und etwas größerem Plankton.

Die genannten Organismen, die sich vom Phytoplankton ernähren, gehören zur zweiten Stufe der Nahrungspyramide oder des Nahrungsnetzes. Ihre Nahrung besteht aus pflanzlichen Organismen, den Produzenten. Aber sie können auch bereits der dritten oder einer höheren Stufe der Nahrungspyramide zugeordnet sein, wenn sie sich von tierischen Organismen ernähren oder von Kleintieren, die selbst bereits Tiere gefressen haben.

Viele Meerestiere ernähren sich vor allem vom Erbeuten anderer Tiere. Dazu gehört die kleine Nordseegarnele (Crangon crangon), die wohl bekannteste Garnele oder «Krabbe», wie sie – allerdings biologisch nicht korrekt – auch genannt wird. Man kennt sie ferner unter den Namen Porre und Granat. Nordseegarnelen bewegen sich mit den Tiden: Mit der Flut gelangen sie auf die Wattflächen, mit der Ebbe ziehen sie sich in die Priele zurück. Sie nehmen alle möglichen kleinen Tiere als Nahrung auf: kleine Krebse, auch die eigenen Artgenossen, Jungfische, verschiedene Würmer, die aus dem Watt herausragenden Siphonen der Muscheln. Kleinere Tiere, von denen sich das Krebstier ernährt, verschlingt sie insgesamt. Nur etwas größere Beutetiere werden vor der Aufnahme als Nahrung grob zerkleinert. Die Garnele nimmt gemeinsam mit der Beute Sandkörner auf, zwischen denen die Nahrung zerrieben und anschließend verdaut wird. Dabei ist die Garnele ausgesprochen effizient: Bis zu zwei Drittel der aufgenommenen Biomasse wird in den Körper der Garnelen integriert, nur ein relativ kleiner Teil wird zur Aufrechterhaltung der Körperfunktionen gebraucht oder wieder ausgeschieden. Im Watt sind Garnelen durch ihre Körperfärbung sehr gut getarnt.

Das Tier, das man biologisch korrekt als Krabbe bezeichnet, ist die Strandkrabbe. An der Küste kennt man das Tier wegen seiner besonderen Art der Fortbewegung auch als Dwarslöper. Es ist an Land oder im Watt nämlich seitwärts («dwars») unterwegs. Bei ihrer Nahrung ist die Strandkrabbe weniger wählerisch als die Garnele. Sie kann alle möglichen Wassertiere fressen, dazu aber auch die Phylloide von Tang. Im Felswatt zieht sie sich bei niedrigem Wasserstand häufig in die Gezeitentümpel zurück.

Die Krebse können mit ihren Scheren Muschelschalen knacken. Muscheln werden auch von Seesternen (Asteroidea) gefressen. So zart sie aussehen, so kräftig sind die Muskeln ihrer Fangarme entwickelt, mit denen sie außerhalb ihres Körpers Muscheln und andere hartschalige Organismen zerdrücken und verdauen. Die mit ihnen verwandten Schlangensterne (Ophiurioidea) haben zartere Arme und nehmen vor allem Aas und kleinere Tiere, auch Plankton als Nahrung auf. Weitere Tiere aus der Gruppe der Stachelhäuter sind die Seeigel (Echinoidea). Ihre Gehäuse aus Kalk sind ebenso wie Seesterne und Schlangensterne von einer fünffachen Symmetrie geprägt: Fünf Linien verlaufen über den Panzer eines Seeigels, fünf Arme haben See- und Schlangensterne. Seeigel fressen Aas und Plankton, aber auch Tang.

Die Fische der Nordsee konnte ich als Achtjähriger, bei meinem ersten Besuch an dem Meer, nur auf einem kleinen Plakat bewundern, das in der Ferienwohnung aushing, in der wir wohnten. Besonders exotisch fand ich einen Vertreter der Knurrhähne (Triglidae), und ich fragte mich, ob sie wohl wegen ihres grimmigen Aussehens ihren Namen erhalten hatten. Die Antwort konnte mir niemand geben; ich erhielt sie erst Jahrzehnte später, als ich die Tiere im Aquarium sah und auch an einer Präparation eines Knurrhahns teilnahm, der auf einem Forschungskutter gefangen worden war. Das Tier kann tatsächlich knurrende Geräusche von sich geben, die ein Muskel an der Schwimmblase erzeugt. Außerdem haben die Tiere Brustflossen, mit denen sie über den Meeresboden von Schelfmeeren wandern können; eigentlich handelt es sich dabei aber um Tastorgane, mit denen Beute gefunden wird. Sie sind mit verdickten Stellen an ihrem Zentralen Nervensystem verbunden. Und ihre Seitenflossen haben einen auffälligen blauen Rand. Es sind also tatsächlich ungewöhnliche Tiere, das hatte ich als kleiner Junge intuitiv erfasst: Es sind Fische, die nicht stumm sind und die einige Trippelschritte zurücklegen können.

Wie zahlreiche andere Fischarten des Wattenmeeres sind Knurrhähne Fleischfresser. Weitere besonders seltsame Tiere sind die Plattfische. Einen von ihnen hatte ich bereits vor meinem ersten Aufenthalt an der Nordsee weit drinnen im Binnenland als Speisefisch kennengelernt: die Scholle (Pleuronectes platessa). Seit der Mitte der 1960er Jahre fuhr nämlich jede Nacht ein «Fischzug» von Bremerhaven nach Stuttgart, in den Kühlwagen eingestellt waren, deren Eis auf mehreren Zwischenhaltebahnhöfen erneuert wurde, so dass auch die empfindlichen Plattfische am kommenden Morgen vom Fischhändler am Bahnhof abgeholt werden konnten, noch fangfrisch aus der Nordsee. Das war eine Sensation!

Meine Mutter und ich verbrachten einen Abend allein. Mein Vater mochte keine Scholle, meine Geschwister waren noch klein. Also kaufte sie für sich und mich je eine Scholle und brachte mir bei, wie das Fleisch von den Gräten zu lösen und zu essen war. Und der Fisch schmeckte hervorragend. Weil die Bestände noch nicht überfischt waren, füllte die Scholle noch einen ganzen Essteller; heute sind die im Handel käuflichen Tiere kleiner, weil zu junge Schollen gefangen werden.

Bei allen Plattfischen wandern die bei Jungtieren mitten im «Gesicht» sitzenden Augen auf die eine Körperseite, während der Fisch heranwächst – beim Steinbutt (Scaphthalmus maximus) und anderen mit ihm verwandten Butten auf die linke Seite, jedoch nicht beim Heilbutt (Hippoglossus hippoglossus). Der ist nämlich mit der Scholle verwandt, und für Schollen ist bezeichnend, dass bei ihnen die Augen nach einer Jugendphase auf die rechte Körperseite wandern. Außer beim Heilbutt und bei der Scholle ist dies bei der Kliesche (Limanda limanda), bei der Seezunge (Solea solea) und bei der Flunder (Platichthys flesus) ein charakteristisches Merkmal. Ältere Tiere können flach auf dem Meeresboden liegen. Ihre zur Unterseite gewordene Körperflanke bleibt hell. Mit ihrer wie körnig gefärbten Oberseite sind sie am sandigen Meeresboden perfekt getarnt. Bei Gefahr können sie ihre platten Körper mit Schlick und Sand bedecken, dann schauen nur noch die Augen aus dem Sediment hervor – und der Mund, über den permanent Nahrung aufgenommen wird. Die Plattfische leben meist in etwas größerer Wassertiefe, doch schwimmen sie durchaus auch ins Watt, um Nahrung zu erbeuten.

Ganz viele Vögel im Watt gehören zu den «Regenpfeiferartigen», die man auch als Limikolen und Watvögel bezeichnet. Der zweite Name nimmt auf den Lebensraum Bezug, in dem diese Vögel leben, sie «bebauen» oder «besiedeln» einen Limes, ein Grenzgebiet zwischen Land und Meer, also das Watt. Es gibt derart viele Arten dieser Vögel, dass sie hier nicht alle genannt werden können: Zu ihnen gehören die an der Küste allgegenwärtigen Möwen, darunter die stattliche Silbermöwe (Larus argentatus) und die etwas kleinere, oberseits zum Teil dunkel gefärbte Heringsmöwe (Larus fuscus) sowie die noch kleinere Lachmöwe, die früher ebenfalls zur Gattung Larus zählte, nun aber unter dem wissenschaftlichen Namen Chroicocephalus ridibundus in der zoologischen Systematik geführt wird. Da sind Austernfischer (Haematopus ostralegus), mehrere Arten der Regenpfeifer (Pluvialis) und der nahverwandte Kiebitz (Vanellus) zu nennen. Auch die eleganten Seeschwalben (Sterninae), der Säbelschnäbler (Recurvirostra avosetta) mit seinem bezeichnenden Namen und der (Große) Brachvogel (Numenius arquata), der größte unter den Watvögeln. Es kommen mehrere Arten von Strandläufern (Calidris) vor, darunter der Knutt oder Knuttstrandläufer (Calidris canutus), ferner Rotschenkel (Tringa totanus) und Grünschenkel (Tringa nebularia). Die Färbung der schlanken Beine sind eindeutige Erkennungsmerkmale.

Um die Vögel zu identifizieren, braucht man eigene Bestimmungsbücher. Ganz überwiegend sind sie Fleischfresser, die auf sehr unterschiedliche Weise Beute machen. Etliche Arten laufen an den Spülsäumen entlang, an denen die Wellen zahlreiche Kleintiere abladen und auf den Strand werfen. Der Säbelschnäbler kann mit seinem nach oben gebogenen Schnabel an der Oberfläche flachen Wassers Beute machen, indem er den Schnabel an der Wasseroberfläche entlangzieht. Andere Limikolen jagen im Flug oder picken mit ihren kürzeren oder längeren Schnäbeln in den Wattboden, wo sie die mehr oder weniger tief im Wattboden steckenden Tiere finden. Der Sandregenpfeifer (Charadrius hiaticula) erreicht mit seinem kurzen, gedrungenen Schnabel die Wattschnecken nahe der Oberfläche des Watts und knackt deren Gehäuse. Der Sanderling (Calidris alba) erbeutet mit einem kaum längeren Schnabel die im Wattboden steckenden Herzmuscheln. Etwas tiefere Schichten erreicht der Knutt, wo er den Schlickkrebs erbeuten kann. Der Rotschenkel findet mit seinem geraden Schnabel die Plattmuschel am Grunde ihrer Röhre. Die noch etwas tiefer in den Wattboden eingegrabene Pfeffermuschel wird von dem recht langen

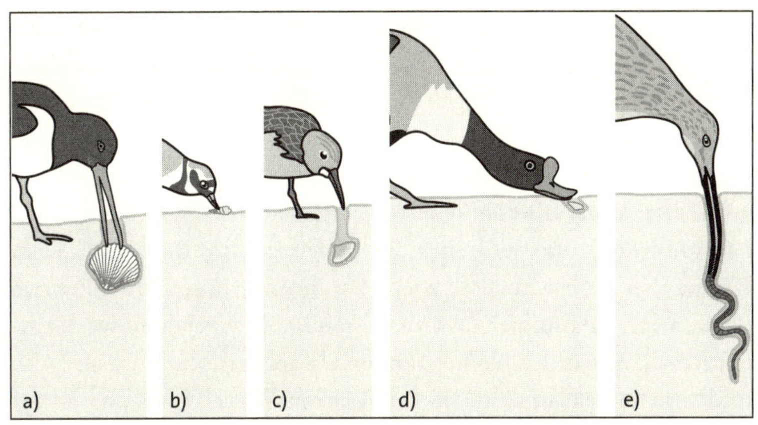

Wattvögel und die Orte ihrer Nahrung:
a) Austernfischer, b) Sandregenpfeifer, c) Knutt, d) Brandente, e) Brachvogel

Schnabel der Pfuhlschnepfe (Limosa lapponica) erreicht. Der Große Brachvogel hat einen besonders langen Schnabel, der zudem gebogen ist; mit ihm kann er den in seiner gebogenen Röhre lebenden Wattwurm aus dem Boden ziehen.

Sehr wichtig für alle diese Vögel ist, dass sie auf jeweils unterschiedliche Weise an ihre Beute gelangen. Sie kommen sich also beim Nahrungserwerb nicht gegenseitig «ins Gehege»; kaum eine Vogelart kann einer anderen ihre typische Nahrung wegnehmen. Einige dieser Vogelarten, beispielsweise der Austernfischer, leben das ganze Jahr über im Watt. Andere, wie der Große Brachvogel und der Knutt, sind dagegen Zugvögel, die nur einen Teil des Jahres im Watt verbringen. Der Große Brachvogel lebt für einige Zeit auch im Binnenland. Der Knutt ist an vielen Küsten der Welt zu Hause. So gut wie die gesamte Population der Erde trifft sich aber für einige Zeit an der Nordsee – sie besteht aus Hunderttausenden von Vögeln, die in großen Schwärmen im Watt einfallen. Diese Schwärme zu beobachten ist ein besonderes Erlebnis. Alle Vögel eines Schwarms können im genau gleichen Augenblick eine andere Richtung einschlagen. In der Sonne blitzen dann die hellen Partien ihrer Flügel auf. Wenn Knutts im Wattenmeer sind, werden ihre Beutetiere besonders stark dezimiert; ihre Bestände können sich aber in der langen Zeit der Abwesenheit ihrer Fressfeinde wieder erholen. So ist das übrigens bei allen Zugvögeln, deren Nahrung aus anderen Tieren besteht.

Einige Vögel leben in den steil aufragenden Felsen oberhalb des Felswatts. Dort und auf hoher See finden sie ihre Beute: vor allem Fische, aber auch wirbellose Tiere. Zu ihnen gehören Trottellumme (Uria aalge), Basstölpel (Morus bassanus), Dreizehenmöwe (Rissa tridactyla), Papageientaucher (Fratercula arctica) und Tordalk (Alca torda) (siehe Tafel 4). Auf den Felsen halten sie sich nur während der Brutzeit auf, an deren Ende die Jungtiere auf schmalen Simsen schlüpfen. Junge Lummen springen, wenn sie eine gewisse Größe erreicht haben, vom Felsen ins Meer; der «Lummensprung» ist ein spektakuläres Ereignis, das zahlreiche Touristen anlockt. Die Vögel in den Felsen vollführen einen ohrenbetäubenden Lärm. Wenn Trottellummen, Basstölpel und Dreizehenmöwen gemeinsam anwesend sind, gibt es ein dreistimmiges Zusammenwirken der drei Vogelarten, wobei die Dreizehenmöwen schrill hervorstechen. Das hat ihnen den lautmalerischen englischen Namen «Kittiwake» (ausgesprochen etwa wie «kittiweik») eingetragen. Die Lummen schreien in mittlerer Lage, die Basstölpel lassen sich in tiefen Stimmlagen hören, krächzen ähnlich wie Raben, aber erheblich durchdringender, und in den Felsen bildet sich ein vielfältiges Echo. Aber das ist nicht der Grund, warum sie Basstölpel genannt werden; sie sind unter anderem charakteristische Bewohner der Felseninsel Bass Rock vor der schottischen Küste östlich von Edinburgh. Einige Felsen bewohnen die Vögel schon seit langer Zeit, auf anderen sind sie erst seit wenigen Jahren Sommergäste, auf wieder anderen sind sie zumindest derzeit verschwunden.

Auch die Säugetiere des Watts sind räuberische Organismen: An der Nordsee leben Schweinswal oder Tümmler (Phocoena phocoena), Kegelrobbe (Halichoerus grypus, siehe Tafel 5) mit länglichem und Seehund (Phoca vitulina) mit einem eher gedrungenen Schädel. Robben und verwandte Arten in anderen Meeren leben aber weniger im

Schlickwatt als im Sand- und Felswatt, wo sie sich im Trockenen, oft auf Seehundsbänken, «robbend» nahe der Wasserlinie fortbewegen und ausruhen; im Meer sind sie dagegen auf Beutefang unterwegs. Andere Wale, unter ihnen vor allem Pottwale (Physeter macrocephalus), kommen gelegentlich ins Wattenmeer, weil sie sich verirrt haben. Eigentlich sollten sie nur im Westen um die Britischen Inseln schwimmen, aber gewissermaßen versehentlich gelangen sie in den Osten der Inseln. Sie sind dann meist schon dem Tode geweiht. Wenn sie in zu flache Gewässer des Watts geraten oder gar stranden, können ihre Lungen wegen des enormen Gewichts der Tiere nicht mehr genug Luft aufnehmen, und die Wale ersticken.

Ökosystem Watt

Wer der Aufzählung der vielen Tierarten bis hierhin gefolgt ist (und es sind längst nicht alle genannt, die im Watt vorkommen), wird von der Fülle genauso beeindruckt (oder auch erschlagen) sein wie der Feriengast, der das Wattenmeer zum ersten Mal besucht. Keineswegs konnte ich als Kind die zahlreichen Tiere unterscheiden, aber immerhin hatte ich eine klare Erkenntnis dazu: Die Vögel aus dem Binnenland, die ich kannte, lebten nicht im Watt, und die Vögel des Watts lebten nicht im Binnenland. Der Deich an der Meeresküste trennt also zwei völlig verschiedene «Welten» voneinander: Das ist übrigens nicht nur bei den Vögeln so, sondern auch bei den meisten Pflanzen und anderen Tieren. Ich erinnere mich, dass ich mir als Achtjähriger lange überlegte, wie ich diese Erkenntnis auf einem Diagramm oder einer Landkarte zusammenfassen könnte. Es gelang mir nicht. Aber es prägte sich mir ein: Im Binnenland kamen «Amsel, Drossel, Fink und Star und die ganze Vogelschar» vor, aber nicht im Watt, nicht in der Salzwiese. Dort lebten grundsätzlich andere Vögel.

Es gibt viele Gruppen von Tieren, die ausschließlich im Meer unter Einschluss des Wattenmeeres vorkommen. Der Fall ist das bei den allermeisten Krebstieren (eine Ausnahme bildet die am Land lebende Assel), bei den allermeisten Weichtieren (Mollusken, eine Ausnahme sind an Land lebende Schnecken) sowie auch bei den Fadenwürmern (Nematoden), Moostierchen (Bryozoen), Plattwürmern (Plathelminthen), Stachelhäutern (Echinodermaten) und Schwämmen (Porifera). Nur bei wenigen Gruppen von Lebewesen gibt es an Land eine größere Biodiversität als im Meer, nämlich bei den Insekten und Spinnentieren (Arachniden), bei Samenpflanzen und einigen Gruppen von

Wirbeltieren, besonders bei Amphibien und Säugetieren. Die im Meer lebenden Säugetiere haben sich aus Vorfahren an Land entwickelt; sie werden als «sekundäre Meeresbewohner» bezeichnet.

Recht eng ist übrigens die Verwandtschaft zwischen Krebstieren und Insekten. Krebstiere haben fünf Beinpaare, also zehn Beine, die zum Teil zu Scheren umgebildet sind, Insekten besitzen sechs Beine und vier Flügel, haben also wie die Krebse zehn Extremitäten. Aber die meisten Krebse leben im Wasser, die Insekten ausschließlich an Land; selbst in der Salzwiese am Meer kommen nur wenige Insektenarten vor, etwa der zu den Kurzflügelkäfern gehörende Salzkäfer (Bledius spectabilis).

Alle Lebewesen im Watt müssen in einer Umgebung leben, in der Meersalz vorkommt. Die allermeisten Lebewesen im Binnenland dagegen können Kochsalz nur in kleinen Mengen oder überhaupt nicht vertragen. Wenn einige Tierarten, beispielsweise Säugetiere, ein wenig Salz zu sich nehmen müssen, dann wohl dosiert: In großen Mengen ist Kochsalz für Landtiere und Süßwasserfische, auch für den Menschen ein tödliches Gift, weil es Wasser anzieht und es dem Körper entzieht. Deswegen verdursten Menschen, die als Schiffbrüchige im Rettungsboot nur Salzwasser zu sich nehmen. Doch für Meerestiere ist es völlig normal, im Salzwasser zu leben und dieses Wasser auch aufzunehmen.

Im Zentrum eines Nahrungsnetzes stehen Produzenten, die aus einfach gebauten Substanzen komplizierte organische aufbauen. Das sind die zur Fotosynthese befähigten Mikroorganismen und Pflanzen. Mit einem Teil der organischen Substanzen halten sie ihre eigenen Körperfunktionen in Gang. Für eine Biozönose im Sinn von Karl August Möbius ist das nicht von großer Bedeutung, denn es spielt sich nicht innerhalb eines Systems von Organismen, sondern innerhalb von einzelnen Individuen ab. Bedeutungsvoll ist aber, dass aus einem Teil der Substanzen, die im Zuge der Fotosynthese aufgebaut werden, die Körper der Pflanzen werden. Sie können zur Nahrung anderer Organismen in der Nahrungskette oder im Nahrungsnetz werden; innerhalb des Nahrungsnetzes werden die Organismen, die Fotosynthese leisten können, als Produzenten bezeichnet, die von den Konsumenten gefressen werden. Konsumenten bauen aus einem Teil der aufgenommenen organischen Substanz ihre eigenen Körper auf. Weitere organische Stoffe nutzen sie, um ihre Körperfunktionen in Gang zu halten. Und noch einmal andere Stoffe scheiden sie ungenutzt wieder aus. Daher sind Konsumenten innerhalb der Nahrungsnetze immer auch Destruenten, die Abfallstoffe aus den Nahrungsnetzen entfernen, die von den Lebewesen nicht gebraucht werden, zum Beispiel Harnstoff.

Zentral ist die Feststellung, dass bei der Fotosynthese immer Wasser und Kohlenstoffdioxid verbraucht werden. Und dass immer dann, wenn organische Substanz aufgebaut wird, Sauerstoff an die Atmosphäre abgegeben wird. Die Leistung der Pflanzen, die auf der Erde seit deren Anbeginn Fotosynthese betrieben haben, ist gigantisch. In der Atmosphäre der Erde gab es nämlich ursprünglich keinen freien Sauerstoff. Heute besteht die erdnahe Lufthülle dagegen zu 21 Prozent aus diesem Gas, das ursprünglich einmal in Kohlenstoffdioxid eingebunden war. Der Kohlenstoff aus dieser ursprünglichen Kohlendioxidmenge ist heute Teil von organischer Substanz, von rezenten Lebewesen und von Fossilien, die Überreste von Kohlenstoff enthalten: von Erdöl und Erdgas, von biogenem Kalk.

Pflanzen und die Fotosynthese besitzen eine Schlüsselrolle

- bei der Festlegung von organischen Stoffen, die Kohlenstoff enthalten;
- beim Verbrauch von Kohlenstoffdioxid
- sowie bei der Freisetzung von Sauerstoff in die Atmosphäre.

Dadurch wurde zu jeder Zeit die Temperatur an der Erdoberfläche beeinflusst. Durch die Tatsache, dass Fotosynthese geleistet wurde, nahm die Temperatur an der Erdoberfläche deutlich ab, denn der Gehalt an Kohlenstoffdioxid in der Erdatmosphäre verringerte sich – und so auch der natürliche Treibhauseffekt.

Nicht nur die Mikroorganismen und Pflanzen an der Erdoberfläche, die Fotosynthese betreiben, sondern auch zahllose andere Organismen sind als Konsumenten von der pflanzlichen Produktion abhängig. Das sind sämtliche Tiere und auch weitere Organismen. Allerdings betreiben sie keine Fotosynthese und beeinflussen dementsprechend die Bilanz beim Verbrauch an Kohlenstoffdioxid und bei der Freisetzung von Sauerstoff in die Atmosphäre negativ.

Gemäß einer Faustregel wird beim Fressen von pflanzlicher Substanz nur etwa ein Drittel der organischen Stoffe wieder in den Organismus des Konsumenten eingebaut. Ein weiteres Drittel der aufgenommenen Nahrung wird im Stoffwechsel des Konsumenten verbraucht. Und ein letztes Drittel wird ungenutzt oder als Abfallstoff wieder ausgeschieden. Dabei gibt es interessante Ausnahmen: Die im Wattenmeer lebende Garnele setzt beinahe zwei Drittel der aufgenommenen organischen Stoffe für den Aufbau des eigenen Körpers ein. Aber selbst bei einem derart guten Futterverwerter wie der Garnele kommt es zu einer Abnahme von etwas mehr als einem Drittel der organischen Substanz durch den Stoffwechsel.

Wenn nun ein Tier, in dem noch ein Drittel der ursprünglichen pflanzlichen Substanz im Körper vorhanden ist, von einem anderen Tier gefressen wird, gilt Entsprechendes wie beim Fressen der Pflanze: Wieder wird nur etwa ein Drittel der aufgenommenen organischen Substanz in den Körper des erbeutenden Tieres integriert. Damit ist dann, wenn ein Tier ein anderes frisst, das sich von Pflanzen ernährt hatte, nur noch ein Neuntel der ursprünglichen organischen Substanz vorhanden, in der nächsten Stufe dann nur noch ein Siebenundzwanzigstel. Diese Reihe der tierischen Verbraucher, eine «Nahrungskette», setzt sich nicht beliebig fort, weil die Ausbeute dabei derart dramatisch niedriger würde, dass nur noch eine verschwindend geringe Menge ursprünglicher organischer Substanz zu einem Teil eines fressenden Organismus würde.

Aus diesen Tatsachen kann man mehrere Dinge folgern. So lässt sich feststellen, dass durch Tiere und alle anderen fotosynthetisch nicht aktiven Organismen die zentrale «Aufgabe» der Biozönose gestört wird, Kohlenstoffdioxid abzubauen und den Sauerstoffgehalt der Atmosphäre weiter zu erhöhen. Im Prinzip steht jedes Tier in der Nahrungskette diesem Vorgang entgegen. Wird als zentrales Ziel von Nachhaltigkeit also die Zunahme von organischer Substanz oder der Biomasse unter Abbau von Kohlenstoffdioxid in der Atmosphäre verstanden, wirkt die Existenz jedes Tieres diesem Ziel entgegen. Sind alle Tiere – und nicht nur der Mensch – deswegen gewissermaßen «Störfaktoren» beim Erreichen von Nachhaltigkeit des Systems Erde, das nur dann insgesamt funktionieren kann, wenn jeglicher Verbrauch organischer Substanz durch Neuaufbau organischer Substanz unter Verbrauch von Kohlenstoffdioxid kompensiert ist?

Grundsätzlich ist es sehr fraglich, ob eine Biozönose oder ein Ökosystem ohne Konsumenten, also ohne Tiere und ohne Pilze, überhaupt existieren kann. Man kennt sogenannte Ökosystemdienstleistungen vieler Konsumenten. Sie sind eingebunden in Symbiosen mit Pflanzen, in Lebensgemeinschaften. Das ist auch bei Pilzen der Fall. Man muss ferner an Insekten denken, die die Blüten der Samenpflanzen bestäuben. Ohne sie könnten sich diese Pflanzen nicht vermehren. Ungeklärt ist allerdings, ob sich Ökosystemdienstleistungen bei jeder Tierart erkennen oder bezeichnen lassen.

Auf jeden Fall sähe die gesamte Lebenswelt völlig anders aus ohne Tiere. Denn mit dem Fressen und Gefressenwerden ist die Selektion verbunden, ein ebenso wichtiger Faktor der Evolution wie die geographische Isolation. Gefressen werden stets zuerst oder bevorzugt diejenigen Individuen einer Art, die am leichtesten zu erreichen, am nahrhaftesten und am schmackhaftesten sind. Einzelne Individuen bauen giftige oder bittere Inhaltsstoffe auf, die das Gefressenwerden einschränken oder verhindern können. Wenn sich dies über viele Generationen abspielt, bleiben stets die Individuen mit den besonderen Inhaltsstoffen am Leben, während diejenigen mit weniger und überhaupt keinen bitteren oder giftigen Inhaltsstoffen bevorzugt gefressen werden. Es gibt viele anatomische oder chemische Merkmale von Organismen, die deren Erbeutung verhindern. Über diese Merkmale entstehen im Verlauf vieler Generationen neue Formen von Leben, neue Arten; die Biodiversität wird dabei bereichert, aber dieser Vorgang führt nicht zu mehr Nachhaltigkeit im engeren, biologischen Sinne. Denn immer mehr Tiere verbrauchen immer mehr Sauerstoff und bauen immer mehr organische Substanz ab, immer mehr Kohlenstoffdioxid entweicht in die Atmosphäre. Und es ist doch gerade dieser Vorgang, der verhindert werden soll: Bei Nachhaltigkeit im engen Sinne geht es um die Bindung von Kohlenstoff in organischer Substanz, den Abbau von Kohlenstoffdioxid und die Freisetzung von Sauerstoff.

Eine Schwerpunktsetzung auf diese Prozesse würde allerdings mit großer Sicherheit keine Akzeptanz unter den Menschen finden. Denn selbstverständlich ist eine Welt mit einer Vielfalt von Lebensformen wertvoller als eine ohne diese interessante Vielfalt.

Und trotzdem: Nehmen wir die Vögel als Beispiel. Sie stellen gerade einmal ein Siebenundzwanzigstel der Biomasse dar, die in einem Ökosystem wie dem Watt produziert wurde, wahrscheinlich sogar noch erheblich weniger. Das führt einem die ungeheuren Dimensionen der Produktion in einem Watt vor Augen, die unglaubliche Menge an organischer Substanz, die überwiegend von mikroskopisch kleinen Algen im Algenrasen des Schlickwatts aufgebaut wird. Man kann sich nicht ausdenken, wie das Watt aussähe, wenn die gesamte dort produzierte Biomasse ausschließlich in Form von Vögeln vorhanden wäre!

Die Biomasse, die im Watt aufgebaut wird, ist aber noch umfangreicher. Denn nicht alle Substanz der Algen wird von anderen Organismen gefressen. Ein großer Teil bleibt im Algenrasen erhalten und wird von anorganischem Sediment bei der nächsten Überflutung abgedeckt. Und noch ein weiterer Teil der Algen-Biomasse sinkt nach dem Absterben der Organismen an den Grund des flachen Schelfmeeres. Dort herrscht größerer Druck; im Lauf sehr langer Zeit kann dort die Biomasse in Erdöl oder Erdgas umgewandelt werden. Das Erdöl und das Erdgas, das wir heute immer noch in großer Menge zutage fördern (auch im Bereich des Wattenmeers an der Nordsee), bestehen aus den Überresten eines Algenrasens, der sich vor Millionen von Jahren in einer ähnlichen ökologischen Situation befunden hatte wie die Nordsee heute. Eine ähnliche Situation war auch an anderen Stellen der Erde gegeben, etwa im Nahen Osten, in Sibirien, im Gebiet der Inseln Indonesiens, aber auch in Afrika, Nord- und Mittelamerika –

überall dort, wo heutzutage Erdöl und Erdgas gefördert werden. Sie sind endliche Rohstoffe, weil sie nicht kurzfristig durch Neubildung nachgeliefert werden können.

Die Produktion der Algen im Wattenmeer ist damit wirklich nachhaltig – auch im naturwissenschaftlichen Sinne. Sie übersteigt nämlich sogar den «Verbrauch» an Einzellern, der dadurch zustande kommt, dass sie gefressen werden. Nachhaltig ist eine Nahrungsgrundlage immer dann, wenn die biologische Produktion mindestens so groß ist wie die Konsumption. Im Fall der Algen im Watt ist die Produktion sogar deutlich größer als die Menge, die von Tieren gefressen wird.

Weil Nahrung reichlich vorhanden ist und immer wieder nachwächst oder nachproduziert wird, kann die Anzahl der Algen fressenden Organismen auf gleichem Niveau bestehen bleiben. Große Bestandsschwankungen sind von dieser Seite nicht zu erwarten. Allerdings hängt der Bestand dieser Tiere noch von weiteren Parametern ab, etwa von der Menge derjenigen Tiere, die die gleiche Nahrungsressource nutzen, oder von der Entwicklung der Individuenzahl bei denjenigen Tieren, die die Algenfresser erbeuten. Durch einen Kälteeinbruch kann zum Beispiel der Bestand einer Muschelart im Wattenmeer stark beeinträchtigt werden. Zugvögel, die dann an die Nordsee kommen, finden ihre «gewöhnliche» Nahrungsquelle nicht vor und erleiden große Verluste – oder sie fliegen an einen anderen Ort, an dem sich aber ihre typische Nahrung noch nicht entwickelt hat. Von Jahr zu Jahr gibt es daher große Unterschiede, welche Pflanzen- und Tierarten jeweils vorhanden sind, und diese Schwankungen gehören zum Ökosystem des Wattenmeeres als ganz «normale» Erscheinungen dazu. Für einzelne Arten, für einzelne Populationen können sie katastrophale Auswirkungen haben; in den folgenden Jahren aber werden sie häufig wieder ungefähr ausgeglichen.

Die marinen Ökosysteme und das marine Nahrungsnetz lassen sich daher nicht als Konstanten beschreiben. In vielen Fällen sind die Populationsschwankungen von Tier- und Pflanzenarten reversibel, in anderen allerdings auch nicht, wie das Beispiel der Europäischen Auster lehrt. Aber selbst unter den Makroalgen im Felswatt kommen auch neue Arten hinzu: Der Sargassotang (Sargassum muticum), ursprünglich in Japan heimisch, findet sich nun sehr häufig im gesamten Atlantischen Ozean. Auch der Krause Sterntang (Mastocarpus stellatus) ist ein Neuankömmling an vielen Felsküsten der Nordsee.

Jeder Besuch im Wattenmeer hält für aufmerksame Beobachter Überraschungen bereit: Die eine Tier- oder Pflanzenart ist plötzlich sehr häufig vorhanden, eine andere ist von Jahr zu Jahr immer seltener geworden. Meistens hat so etwas keine dramatischen Ursachen. Wichtig ist aber, die jährlichen Veränderungen der Populationsgrößen von Organismen so genau wie möglich zu erfassen und dabei nicht nur die Häufigkeitsschwankungen der großen Tiere zu beachten, etwa der Kegelrobben und Seehunde. Meistens stehen diese in Zusammenhang damit, dass kleine Organismen seltener oder häufiger vorkommen.

Wandel des Watts durch Sukzession und Neulandbildung

Überall dort, wo an Ausgleichsküsten Sediment – vor allem in Form von Sand – abgelagert wird, entsteht neues Land. Vom Wasser feucht abgelagerter Sand trocknet und wird dann vom Wind weiter verlagert. Dünen wachsen beispielsweise auf Nehrungen in die Höhe, aus dem von Salzwasser beeinflussten Bereich heraus. Im Schutz von Nehrungen wird im Wasser von Haffs feineres Sediment abgelagert. Und auch im Bereich des Schlickwatts werden im strömungsberuhigten Bereich feine Ablagerungen deponiert. Daraus kann ebenfalls Neuland entstehen. Das sich neu aus Schlickwatt bildende Land an der Nordsee wird mundartlich als Groden bezeichnet. Das Wort ist sprachlich mit dem englischen «to grow» verwandt, dem Wort für «wachsen». Bei jeder Tide können weitere Algen aus dem Plankton auf der Wattoberfläche abgesetzt werden, hinzu treten feines Sediment und Getreibsel, das im Meer flottierte. Mit dem Schleim der Algen, die bereits auf der Wattfläche liegen, werden neu abgelagerte Einzeller an der Wattoberfläche festgehalten. Die einzelligen Organismen betreiben Fotosynthese, die Diatomeen teilen sich, und sie ergänzen ihre eine Schalenhälfte aus dem auf der Wattoberfläche vorhandenen Rohstoff Quarz. Das ablaufende Wasser der Ebbströmung drückt alle mineralischen Körner und die dort liegen bleibenden Diatomeen so fest wie möglich zusammen und auch auf die Wattoberfläche, so dass sie dort liegen bleiben. Werden die Kieselalgen nicht auf der Wattoberfläche fixiert, werden sie mit der Wasserströmung ins offene Meer getrieben, wo sie dann im Plankton schweben. Mit der nächsten Flut werden erneut Diatomeen, weitere Lebewesen und Sediment ins Watt eingetragen und vielleicht festgehalten. Ganz allmählich wächst die Oberfläche des Schlickwatts auf diese Weise in die Höhe. Doch es kann auch vorkommen, dass Ablagerungen von der Strömung oder der Brandung wieder mitgerissen werden. Frisch abgelagertes Sediment wird vor allem durch die Priele zerstört, in denen sich das Wasser während der Ebbe sammelt und eine erhebliche Strömung entwickelt.

Es wird nämlich nicht immer nur Schlick abgelagert. Sondern es kann auch mit etwas stärkerer Flutströmung Sand in die Wattschichten eingelagert werden. Dann verläuft das Wachstum der Grodenschichten schneller, aber sie werden zugleich destabilisiert. Zwischen den Sandkörnern bleiben mit Luft gefüllte Zwischenräume bestehen, die nicht vom Algenfilm überzogen werden. Beruhigen sich die Strömungsverhältnisse, legen sich feineres Sediment und dann auch ein neuer Algenfilm darüber, so dass es zu einer abwechselnden Ablagerung von Schlick mit Algen und etwas lockererem Sand kommt. Dies wird sichtbar, wenn ein Stück Watt am Rand eines Priels abgerissen wird: Dort entsteht ein Profil, das die verschiedenen Schichten zeigt, aus denen das Watt aufgebaut ist. Man nennt das, was man im Profil zu sehen bekommt, «Sturmflutschichtung». Aber das ist wohl zu dramatisch ausgedrückt, denn man sollte nicht davon ausgehen, dass jede Sandschicht eine Sturmflut anzeigt. Aber es ist durchaus denkbar, dass Springfluten, etwa in der Stärke wie diejenige, die ich als Kind miterlebt hatte, mit stärkerer Strömung Sand ins Watt eintragen.

Man sieht an dem Profil, dass zwar das wachsende Watt auch wieder abgetragen werden kann, aber man erkennt ebenfalls, wie dies vor sich geht. Keineswegs wird das Watt komplett wieder zerstört, sondern nur am Rand eines Priels, wo die Ebbe eine starke Strömung entwickelt. Insgesamt wächst das Watt also weiter in die Höhe. Denn immer wieder bildet sich ein neuer Biofilm aus Algen, die weiterhin Fotosynthese betreiben, die wachsen, sich teilen und Schleim ausscheiden, der im Lauf der Gezeiten weitere feine Tonpartikel und kleine Lebewesen an der Wattoberfläche festhält.

Während sich die Wattoberfläche weiter erhöht, wird sie immer seltener von Salzwasser überflutet. Fällt Regen aufs Watt, spült das Süßwasser das leicht lösliche Meersalz davon: Das Wasser in den kleinen Vertiefungen im Watt wird immer brackiger oder gar süß. Algenfäden, die anderswo abgerissen wurden, Muschelschalen und die Überreste anderer Tiere stauen Wasser. Dadurch kann sich weiteres Sediment ablagern.

Etwas mehr Ablagerungen aus Schlick und Sand bleiben in der Nähe des Meeresufers liegen. Nur wenige Meter von der Küste entfernt ragt die Oberfläche des Watts schon um wenige Millimeter niedriger auf. Das ist mit bloßem Auge kaum erkennbar, wird aber sichtbar, wenn sich auf dem Watt Wasserpfützen bilden. Die außerordentlich geringen, aber wesentlichen Höhenunterschiede kommen dadurch zustande, dass das in Ufernähe gelegene Watt öfter als etwas davon entfernte Wattpartien überflutet wird. Das ist nicht nur kleinräumig zu sehen, sondern im gesamten Watt, auch in der gesamten Marsch, die daraus hervorgehen kann und insgesamt eine Ablagerung des Meeres ist. Man kann schließlich das Hochland (dicht am Meer) und das niedrigere Sietland an der Geestkante voneinander unterscheiden. Entsprechend bilden sich auch etwas höher und etwas niedriger gelegene Terrains vor einem Deich heraus.

Bei hohen Fluten steigt das Wasser im Sietland dicht an der Geestkante oder auch direkt vor dem Deich stärker an als im Hochland, das näher am Meer liegt. Die Konsequenz daraus ist, dass man auf dem Hochland bei Eintritt der Flut vom Land abgeschnitten werden und das Sietland vor dem Geestrand oder vor dem Deich nicht mehr durchqueren kann. Das kann zu einer gefährlichen Situation werden. Man sollte dann ruhig bleiben und den höchsten Punkt im Hochland aufsuchen. Dort sind oft auch besteigbare Schutztürme im Watt gebaut. Sie sind nur einen oder zwei Meter hoch, das reicht aber aus, um sich in Sicherheit zu bringen, bis der Wasserstand wieder zurückgeht. Und das ist ja unweigerlich im Wechsel der Tidenströmungen der Fall! Auf jede Flut folgt eine Ebbe. Auf keinen Fall sollte man bei steigendem Flutwasserspiegel in Panik geraten und versuchen, durch das überflutete Sietland vor dem Deich ins Trockene zu kommen. Denn man sieht nicht, wie hoch das Wasser bereits aufgelaufen ist; unvermittelt kann es so hoch stehen, dass man nicht mehr zum Deich oder zum Geestrand kommt.

Langfristig kann im Sietland ein Moor entstehen, wenn Wasser immer wieder am Abfluss durch das um zunächst Millimeter, dann Zentimeter oder gar einige Meter aufgeschlickte Hochland gehindert wird. Auch ein Strandwall aus Sand kann als Barriere wirken, die Wasser am Abfluss ins Meer hindert. Organische Substanz wird im dauernd feuchten Milieu nicht zersetzt, und so bildet sich Dauerhumus, schließlich Torf. Das entstehende Moor bezeichnet man dann, wenn es an der Geestkante entsteht, nach der Lage als Geestrandmoor. Korrekter ist aber die Bezeichnung Marschrandmoor, denn dieses Feuchtgebiet befindet sich in der Marsch, im vom Meer geschaffenen Land.

Dringt Meerwasser zum Moor vor, können – solange die Salzkonzentration gering ist – Niedermoorpflanzen weiter auf dem Moor wachsen und Torf akkumulieren. Schilf und vor allem die Strandsimse ertragen eine geringe Salzkonzentration im Boden. Dann wird Salztorf akkumuliert. Unter Meerwassereinfluss kann aber kein Hochmoor aufwachsen. Bestand bereits ein Hochmoor zum Zeitpunkt des Meerwasservorstoßes, kann es auf dem Wasser in die Höhe geklappt werden und aufschwimmen. Man spricht dann von Klappklei. Denn Hochmoortorf ist leichter als Wasser. Beim Rückgang des Wasserspiegels kann sich der Klappklei wieder senken und auf dem Untergrund absetzen.

Als Johann Wolfgang von Goethe die letzten Akte von «Faust II» schrieb, in denen es um Deichbau und Landgewinnung geht, erinnerte er sich daran, dass er einmal eine Beschreibung des Nordseeküstenlandes von Christoph Meiners gelesen hatte, auf die noch zurückzukommen sein wird. Goethe hatte dort die Begriffe «Hochland» und «Sietland» wahrgenommen, kannte aber diese Bereiche nicht aus eigener Anschauung. Er schrieb dann nicht vom Hochland, an dem sich ein Graben entlangziehe, sondern von einem «Gebirge». Nur das kannte Goethe als Binnenländer.[7]

Mit der Aufhöhung der Wattoberfläche setzt regelhaft eine Sukzession von Pflanzenbeständen ein. Denn in das höher gelegene Watt dringt immer seltener und immer weniger Salzwasser vor. Das sich im Watt verbreitende Wasser ist nun hauptsächlich Süßwasser aus Niederschlägen. Das Salz wird fortgespült, so dass sich dort zeitweise Brack- oder Süßwasserbedingungen einstellen.

Die ersten Landpflanzen, die sich im Watt ausbreiten, könnten seltsamerweise auch in der Wüste wachsen. Denn sowohl an einem sehr trockenen Standort als auch dort, wo viel Kochsalz im Wasser gelöst ist, besteht ein Mangel an Süßwasser, das von Landpflanzen unbedingt benötigt wird. Mit Süßwasser werden Mineralstoffe aus dem Wurzelraum in den Leitbahnen des Sprosses bis in die entlegensten Stängel- und Blattspitzen transportiert, mit Wasser wird der Turgor aufrecht gehalten, der der Pflanze ihre Form gibt, und Wasser ist Rohstoff der Fotosynthese. Das hygroskopische, also wasseranziehende Kochsalz entzieht den Pflanzenzellen aber das Wasser, so dass die Zellen ebenso wie unter dem Einfluss großer Trockenheit in sich zusammenfallen und die Pflanze verwelkt.

Einer einheimischen Pflanzengattung gelingt es dennoch, von Salzwasser umgeben zu leben: der Gattung der Seegräser (Zostera). Sie sehen zwar wie Gräser aus, sind aber keine, sondern bilden eine eigene Pflanzenfamilie der Seegrasgewächse. Sie ist mit dem Froschlöffel verwandt, einer Pflanze, die im Süßwasser wächst. Im Lauf der Erdzeitalter entwickelten sich die Seegräser von Süßwasser- zu Salzwasserpflanzen, die an der Nordsee und anderen Meeren der Nordhalbkugel der Erde im flachen Wasser gedeihen. Sie haben keine Spaltöffnungen auf den Blattoberflächen wie andere Blütenpflanzen, durch die Gase ausgetauscht werden; sie sind ja ganz von Wasser umgeben. Und ihr Blütenstaub wird im Wasser von den männlichen zu den weiblichen Blütenorganen transportiert. Den Turgor hält diese Pflanze wohl mit viel Zucker aufrecht, den sie in den Zellen einlagert. Sie leistet eine große Menge an Fotosynthese, für die im nicht beschatteten flachen Wasserbereich gute Bedingungen bestehen. Kohlenstoffdioxid kommt in Wasser gelöst zu den Pflanzen, der Sauerstoff wird zwischen ihren

Zellen eingelagert, in großen Interzellularen, und mit den Kohlenstoffverbindungen bauen sie Biomasse auf. Zwischen den Seegrasstängeln befindet sich eine «Kinderstube der Tiere»: Der Nachwuchs sehr vieler Tiere wächst zwischen den Stängeln in einer geschützten Wiege des Lebens auf. Viele Details der Physiologie von Seegräsern sind noch unbekannt. Bedrohlich ist aber, dass ihr Bestand vielerorts zurückgeht, so dass der besondere Standort der Seegraswiesen zu verschwinden droht.[8]

Alle anderen Blütenpflanzen am Meer sind Gewächse, die sowohl in Trockengebieten als auch in einem salzhaltigen Milieu am Meer überleben können. Ihre Zellgewebe sind nicht vom raschen Austrocknen bedroht. Ihre Blätter und Stängel haben kleine Oberflächen, auf denen dicke Wachsauflagen den Wasserverlust verhindern. Wasser wird in diesen Pflanzen gespeichert: Wenn die Salzgehalte in ihrer Umgebung geringer sind, etwa während eines Regens, wird Wasser aufgenommen, das für trockene Zeiten gespeichert werden kann. Eine solche Wasserspeicherung oder Sukkulenz findet man bei Gewächsen, die für Trockengebiete und Salzumgebungen typisch sind, so auch beim Queller (Salicornia europaea), der sich im Watt als erste Landpflanze ausbreiten kann. Der Queller speichert sogar Salzwasser; er ist salzsukkulent. Dadurch wird der Salzgehalt in der Pflanze immer höher als im Außenmilieu, so dass der Queller weiteres Wasser aufnehmen kann. Allerdings funktioniert das nicht ewig. Am Ende eines Sommers ist die Salzkonzentration im Inneren der Quellerpflanze derart hoch, dass sie absterben muss.

Bei der Ansiedlung einer ersten Quellerpflanze wird eine sogenannte «Safe Site» gebraucht, eine Stelle, an der ein Same der Pflanze für einige Stunden festliegt und eine Keimwurzel bilden kann, die sich im Boden fest verankert. Zur Keimung benötigt der Queller wie alle anderen Landpflanzen unbedingt Süßwasserbedingungen; hygroskopisches Kochsalz darf es an der Stelle, an der der Queller keimt, keinesfalls in zu großer Menge geben. Und die Pflanze kann außerdem nur dann keimen, wenn Sauerstoff zur Verfügung steht. Bei der Keimung wird nämlich organisches Material unter Verwendung von

Sauerstoff verbraucht, das als Nährgewebe dem Samen mitgegeben ist.

Alle diese Bedingungen sind im Watt keineswegs selbstverständlich vorhanden. Im Wechsel der Gezeiten kommt es dort immer wieder zum Eintrag von salzhaltigem Wasser, die Strömungen verlagern die Samen, und der Boden ist unterhalb des Biofilms der Algen sauerstofffrei. Aber welche Bedingungen sind für eine Etablierung einer Quellerpflanze denkbar? Sicher wird eine Keimung der Pflanze am ehesten dann erfolgen, wenn Regen den Salzgehalt an der Wattoberfläche so weit wie möglich verringert und dies nicht durch eine Überflutung des Watts, etwa bei einer Springtide, verhindert wird. Die «Safe Site», an der die Samen des Quellers festgehalten werden, damit sich eine Keimwurzel ausbilden kann, könnte eine nicht mehr genutzte Röhre des Wattwurms oder einer Muschel sein, die auch dann eine Vertiefung im Boden bildet, wenn das Tier dort nicht mehr sitzt und Plankton fängt. In diesen Röhren ist auch eine andere günstige Voraussetzung für die Keimung von Quellersamen gegeben: Dort gibt es Sauerstoff.

So unwahrscheinlich die Erfüllung all dieser Voraussetzungen für die Keimung von Queller erscheinen mag: Sie funktioniert! Und ein erster Schritt ist getan von der Entwicklung eines Schlickwatts zu einer Salzwiese, wodurch die Entstehung von neuem Land entscheidend gefördert wird.

Die Quellerpflanze wächst und verzweigt sich. Im Hoch- oder Spätsommer blüht sie, allerdings mit derart unscheinbaren Blütchen, dass man sie kaum wahrnimmt. Aus den Blüten entwickeln sich deutlich größere Samen. Ist in der Pflanze am Ende des Sommers die Salzkonzentration so hoch, dass sie welkt und ihre Überreste während des Winters vom Wasser der Tiden an die Wattoberfläche gedrückt werden, bleiben die Samen keimfähig erhalten. Die lebenden Pflanzen, aber mehr noch die welken Quellerpflanzen bilden ein weiteres Hindernis für den Wasserabfluss an der Wattoberfläche. Im gestauten Wasser befinden sich weitere Algen und weitere Sedimentbestandteile, die die Oberfläche des Watts weiter erhöhen – stets um Bruchteile von

Millimetern, die aber für das Ökosystem entscheidend sind. Die verwelkte Quellerpflanze kann schließlich ganz und gar von tonigem Sediment eingeschlossen werden. Auf dieser abgestorbenen, verwelkten Quellerpflanze herrscht aber erstaunlicherweise weiterhin Leben. Es wachsen nämlich auf ihr die Samen heran, aus der die Pflanzen des Folgejahres hervorgehen können.

Diese Zusammenhänge wurden mir an einem langen Winterabend in einem der Leuchtturmwärterhäuser in Westerhever klar. Viele Jahre lang verbrachte ich einige Tage im Jahr gemeinsam mit Klaus Wächtler, dessen Andenken ich dieses Buch widme, und Studentengruppen in dem Haus, das nicht mehr von Leuchtturmwärtern gebraucht wird und das nun eine Unterkunft für Besucher von Schlickwatt und Salzwiese sein kann: Beide Ökosysteme sind vom Haus aus in wenigen Minuten zu erreichen. Ich war zu jeder Jahreszeit dort, besonders gerne aber im Winter und frühen Frühjahr. Da geht es in Watt und Salzwiese besonders hoch her. Das zeigt sich an den Massen von Vögeln, die dann dort etwas zu fressen finden. Und es ist die Jahreszeit, in der sich die Pflanzen zu entwickeln beginnen. Wir waren bei jedem Wetter draußen, froren, wurden nass. Wir sammelten mehr oder weniger planlos alles, was man sich an den langen Abenden genauer unter Binokularlupen und Mikroskopen ansehen konnte. Einige ausrangierte optische Geräte von der Universität Kiel waren im Leuchtturmwärterhaus vorhanden, auch genug Präparierbesteck. Nach dem Abendessen wurden Mikroskope und Lupen aufgestellt, die mitgebrachten «Schätze» aus den Döschen und Tüten angesehen. Es sei nicht verschwiegen, dass oft ein Glas Rotwein neben dem Mikroskop stand.

Eines Tages kam ich auf die Idee, eine abgestorbene Quellerpflanze auseinanderzupflücken. Ich stocherte ohne eigentlichen Plan mit der Präpariernadel an ihr herum und fand Samen. Die betrachtete ich unter der Binokularlupe bei zehnfacher Vergrößerung: Die Samen tragen widerhakenartige Borsten auf ihrer Oberfläche, die sie in der abgestorbenen Mutterpflanze festhalten können. Ich sah mir noch mehr Samen an. Einige keimten bereits, die Samenschale war in der Mitte des Samens geplatzt. Von der abgestorbenen Mutterpflanze aus treiben sie dann auch einen Wurzelkeim, der sich im Boden verankern soll, und einen Sprosskeim aus, aus denen sich eine neue Quellerpflanze entwickeln kann. Auch diese Keime waren unter der Binokularlupe zu erkennen.

Ich kam immer wieder nach Westerhever und stellte fest, dass die Keimung der Quellersamen auf der Mutterpflanze den ganzen Winter über stattfinden kann; der Keim ist schon im Dezember fertig entwickelt. Wenn dann Süßwasserbedingungen in einer winterlichen Regenperiode herrschen, kann die Keimung der jungen Quellerpflanzen sofort erfolgen. Sie stehen dann nicht einzeln auf der Mutterpflanze, sondern es keimen in der Regel gleich zahlreiche Jungpflanzen nebeneinander, deren Samen sich entlang einer abgestorbenen Mutterpflanze entwickelt haben. Ihr Wurzelkeim schafft eine neue Verankerung im Boden. Etwa im April tragen die Sprosskeime zwei kleine grüne Keimblätter; aus diesen Keimen entwickelt sich die völlig anders aussehende Quellerpflanze.[9]

Nicht wenige Erkenntnisse, die in diesem Buch geschildert werden, sind auf diese Weise an langen Winterabenden im Leuchtturmwärterhaus oder auch an anderen Orten entstanden. Wenn man einen Artikel über eine solche Entdeckung schreibt, muss man ihm eine Form geben, eine Forschungsfrage formulieren, dann die Methoden darstellen, die Ergebnisse von Beobachtungen und Experimenten. Anschließend kann man dies diskutieren. Der Erkenntnisweg, den man auf diese Weise darstellt, sieht aber häufig ganz anders aus. Zuerst hat man vielleicht ein Ergebnis, muss dann aber die Methode darstellen, wie man zu dem Ergebnis kommen kann; es soll ja nachvollziehbar sein. Und auf dieser Basis muss man dann spezielle und allgemeine Schlussfolgerungen ziehen, die gegebenenfalls auch im Konjunktiv formuliert werden können, weil es sich bei ihnen doch nur um Hypothesen handelt, die man vielleicht durch weiteres Arbeiten bestätigen oder widerlegen kann. Man darf aber dann, wenn man einen wissenschaftlichen Artikel mit seiner formalen Konzeption liest, nicht denken, dass man zuerst eine Forschungsfrage formuliert, dann Artikel dazu liest, die Methode festlegt und dann erst zu seinen Ergebnissen kommt, die abschließend diskutiert werden. Das ist nicht der Gang der Erkenntnis bei wissenschaftlichem Arbeiten im Gelände, sondern nur eine logische Form, der man der Mitteilung über eine Entdeckung gibt.

Es war mir nun klar, warum man im Wattboden immer einige nebeneinander emporkommende Quellerpflanzen erkennen kann: Sie hatten die gleiche Mutter! Auf diese Weise entsteht aus einer vereinzelten Quellerpflanze mit der Zeit ein Massenbestand von Queller. Zwischen den vielen Pflanzen kann immer mehr angespültes Getreibsel hängen bleiben, hinter dem sich Wasser, weitere Kieselalgen und Tonpartikel stauen können. Die Aufhöhung der Wattoberfläche setzt sich also fort.

Nicht jeder Quellersame bleibt an der Mutterpflanze haften. Mit stärkerer Strömung werden die Samen der Pflanze auch davongespült. Sie können sich, wenn es eine «Safe Site» gibt, an anderer Stelle festsetzen, keimen und eventuell die Bildung eines weiteren Quellerbestandes einleiten.

Wenn sich die Oberfläche des Watts weiter erhöht, kann sich dort ein Gras ausbreiten, der Andel (Puccinellia maritima). Gräser haben schmale Blätter und einen besonderen, Wasser sparenden Stoffwechsel. Deswegen kann auch das Schlickgras (Spartina anglica) sich im Watt festsetzen. Der Andel aber bildet große Massenbestände, und zwar als ausdauernde Pflanze. Sie treibt Sprosse aus, die sich an der Spitze bewurzeln können: So entstehen Ausläufer, aus denen neue Triebe hervorwachsen, schließlich ein ganzer Andelrasen. Er wird immer noch gelegentlich, aber nicht mehr täglich überflutet. Doch das Wasser trägt auch weiterhin noch Kieselalgen und andere Einzeller in die Bestände ein, die man nun nicht mehr als Watt bezeichnet, sondern als Salzwiese. Kieselalgen leben in der Salzwiese aber nur so lange, wie sie regelmäßig Wasser bekommen. Sie werden mehr und mehr vom Andel und anderen Gewächsen beschattet; daher ist ihre Fotosyntheseleistung nicht mehr so hoch wie im eigentlichen Schlickwatt.

In der Salzwiese gibt es ein anderes Nahrungsnetz als im Watt. Auch dort stehen natürlich Pflanzen als Produzenten im Zentrum.

Neben den Kieselalgen betreiben vor allem die zahlreichen Triebe des Andels Fotosynthese und damit den Aufbau von organischen Stoffen. Daraus entsteht Zellulose, der Baustoff der Gräser. Zellulose ist ein langkettiger Zucker, der weder von Pflanzen noch von Tieren ohne Weiteres abgebaut werden kann. Nur gewisse Mikroorganismen verfügen über Zellulasen, also Enzyme, die Zellulose abbauen. Tiere können sich im Grasland nur von Pflanzenteilen ernähren, die arm an Zellulose sind: Samenkörner und junge, noch wachsende Triebe, die andere nahrhafte Bestandteile für Tiere, aber nur einen geringen Zellulosegehalt aufweisen. Solange der Andel junge, kurze Triebe hat, liefert er für bestimmte Gänsearten genug Nahrung: Tausende von Individuen der Ringelgans (Branta bernicla) und der Nonnengans (Branta leucopsis), auch Weißwangengans genannt, halten sich dann in der Salzwiese auf. An der Nordsee ist die Nahrungsressource der jungen Andeltriebe das Winterhalbjahr über massenhaft verfügbar, zuerst im Westen, etwa im Rheinmündungsgebiet, dann auch weiter im Osten und Norden, in der Deutschen Bucht und ihrer Umgebung. Ringelgänse und Nonnengänse weiden Unmengen an Andeltrieben ab, erschließen die zellulosearme Nahrung und scheiden die übrigen Blattpartien, in denen schon zu viel Zellulose enthalten ist, sehr rasch wieder aus. Schon einige Minuten nach dem Fressen kann man die charakteristischen Kotwürste der Gänse in der Salzwiese finden. Man kann sie unter dem Mikroskop betrachten. Das Herstellen eines mikroskopischen Präparats ist sehr einfach; man löst einige Gewebefetzen aus dem Kot in Wasser auf und legt sie auf einen Objektträger. Um möglichst viel von der Probe unter dem Mikroskop betrachten zu können, sollte man ein großes Deckglas nutzen. Die Zellen betrachtet man bei einhundert- bis vierhundertfacher Vergrößerung. Im Magen der Gänse sind die Pflanzenteile sehr gut präpariert worden, so dass man sie vorzüglich identifizieren kann. Zellen der Epidermis, der äußeren Haut, der Andelblätter lassen sich daran erkennen, dass sie genau in Reihen angeordnet sind. Außerdem kann man längliche Spaltöffnungen oder Stomata sehen. Durch sie werden Wasser und Gase an der Epidermis ausgetauscht. Und man sieht die grünen Chloroplasten der Zellen. Die Präparate der Gewebereste aus den Kotwürsten zeigen zellanatomische Eigenheiten viel besser als die, die mit einem Präparierbesteck aus Menschenhand hergestellt werden. Man findet gelegentlich auch Zellen von zweikeimblättrigen Kräutern. Sie sind daran zu erkennen, dass die Epidermiszellen rundlich, dabei aber wie Puzzle-Elemente ineinander verschränkt sind.

Etwa im Mai haben sich die Triebe des Andels so weit entwickelt, dass der Zellulosegehalt der Pflanzen zu hoch wird, um noch eine gute Nahrungsquelle für die Gänse darstellen zu können. Die Ausbeute an Nahrung wird für sie zu gering. Sie fressen dann noch ein paar andere Pflanzen an, die später austreiben. Aber dann brechen sie zu einem langen Flug in den Norden Sibiriens auf, wo im Sommer weitere Gräser keimen und zu wachsen beginnen. Dort sprießen im Hochsommer, an den langen Polartagen, derart viele junge Triebe von Gräsern, dass Ringel- und Nonnengänse dort sogar ihre Jungen aufziehen können, bevor sie im Spätsommer oder Herbst den Rückflug ins Watt an der Nordsee aufnehmen. Dort sind dann Samenkörner des Andels als Nahrung verfügbar – und wenige Monate später auch wieder neue junge Triebe.

In der Salzwiese ist die biologische Produktion der Algen geringer. Denn selbst die Gräser geben Schatten. Und Wasser mit den Mineralstoffen ist nicht immer verfügbar, denn das Gelände wird nicht täglich überflutet. Es kommt aber zu weiteren Ablagerungen und zu einer weiteren Aufhöhung des Geländes. Dabei spielt aber auch Sediment eine Rolle, das zwischen den Pflanzen liegen bleibt. Der Groden wächst jedenfalls weiter aus dem täglich, schließlich auch aus dem seltener überfluteten Bereich heraus. Es macht sich die Portulak-Keilmelde oder Salzmelde (Halimione portulacoides) breit, eine ausdauernde Pflanze, die an der Basis sogar verholzen und ein paar Jahresringe ausbilden kann. Hinzu treten Kali-Salzkraut (Salsola kali) und Strandaster (Aster tripolium).

Seltener überflutet werden Bestände der Salz- oder Bottenbinse (Juncus gerardii), Strandnelke (Armeria maritima) und der vielleicht schönsten Pflanze der Salzwiese, des Strandflieders (Limonium vulgare), der unter Naturschutz steht und nicht gepflückt werden darf. Der Strandwermut oder -beifuß (Artemisia maritima) ist graugrün gefärbt. Mit dieser Färbung kann er Versalzung ertragen. Der Dreizack oder Röhrkohl (Triglochin maritima) ist ein traditionelles Frühjahrsgemüse an der Küste, das vor allem früher gesammelt und in den Straßen der Städte verkauft wurde. Dort wurde die Pflanze als «Röhrk» angeboten, wie meine 1904 in Husum geborene Großmutter zu erzählen wusste.

In Gelände, das nur noch sehr selten überflutet wird, setzt sich schließlich der Rotschwingel als dominantes Gras durch, der Andel wird seltener. Dieser Rotschwingel ist mit der häufigen Wiesenpflanze Festuca rubra sehr nahe verwandt. In der Salzwiese gibt es aber eine Unterart, die einen seltenen Salzwassereinfluss ertragen kann, sie wurde von den Pflanzensystematikern mit dem wissenschaftlichen Namen Festuca rubra subsp. litoralis benannt, wird aber oft auch als eigene Pflanzenart aufgefasst und trägt dann den wissenschaftlichen Namen Festuca salina. Weitere Wiesenpflanzen treten hinzu.

Im Lauf der Salzwiesenentwicklung aus dem Schlickwatt heraus verändern sich die Standorte. Der Salzwassereinfluss nimmt ab, es kommt immer seltener zu einer Überflutung und zur Ausbildung von Brandung; neues Land entsteht. Im Zuge dieser Entwicklung kommen auch immer wieder andere Pflanzen zur Ausbreitung. Stets besteht ein enger Zusammenhang zwischen dem Wuchsort, dessen Eigenschaften und den Pflanzen, die dort vorkommen. Es gibt Pflanzen, die einen Salzwassereinfluss besser ertragen als andere, die häufiger Süßwasserbedingungen brauchen. Möglicherweise ist es bei den Standorten nicht entscheidend, welche durchschnittlichen Salzgehalte dort auftreten, sondern wie oft Brackwasser- oder Süßwasserbedingungen herrschen. Bei Regen süßt die Oberfläche des Watts rasch aus; dann können einige Pflanzen besser keimen und wachsen als in einer Salzwasserumgebung. Man nennt dieses Phänomen eine Sukzession von Pflanzengemeinschaften; die ökologischen Parameter am Standort verändern sich, und dies führt zu einer charakteristischen Abfolge an Pflanzengemeinschaften. An den Pflanzen lässt sich ablesen, wie weit sich die Salzwiese bereits entwickelt hat.

Um es zusammenzufassen: An der Salzwiesensukzession sind zunächst die Algen maßgeblich beteiligt, es bildet sich ein Algenfilm an der Oberfläche des Watts; der Algenfilm wird durch Röhren einiger Tiere durchstoßen. Das ist möglicherweise eine entscheidende Voraussetzung für die Ansiedlung von Samenpflanzen; denn die Samen bleiben in den Vertiefungen liegen und geraten in ein sauerstoffhaltiges Milieu. Dabei wird eine wichtige Ökosystemdienstleistung von Wattwürmern und Muscheln erkennbar, die im Wattboden eingegraben leben. Denn damit würden die Initialen der Salzwiesensukzession gelegt, auf die die weitere Aufhöhung der Flächen unter Beteiligung der am Standort wachsenden Pflanzen folgen würde.

Immer wieder werden Landschichten auch wieder abgerissen. Das erkennt man an den Bodenprofilen am Ufer der Priele. Es entsteht dort eine Prallhangsituation, bei der jedes Mal, wenn Wasser abläuft und eine Strömung entsteht, ein Stück Land zerstört werden kann. Allerdings bildet sich dann am tief gelegenen Grund des Priels besonders viel Schlick: Algen und feines Sediment werden dort abgelagert – und nun kommt es darauf an, ob die jeweils nächste Ebbströmung stark genug ist, um die feinen Ablagerungen aus dem Priel herauszutransportieren. Falls das nicht der Fall ist und auch während der folgenden Tiden keine stark Ebbströmung entsteht, kann der Priel rasch verlanden; es wird sich aber an anderer Stelle eine neue Abflussbahn für Wasser bilden.

Im Ganzen überwiegt die Neulandbildung die Landzerstörung. Das ist daraus zu erschließen, dass Wasser aus dem meeresfernen Sietland hinter dem immer höher werdenden Schlickwatt immer schlechter abfließen kann. Im feuchter werdenden Land steht immer weniger Sauerstoff zur Verfügung, den Organismen brauchen, um abgestorbene pflanzliche Substanz zersetzen zu können. Die Pflanzenreste sammeln sich daher an: Es bildet sich Torf eines Marschrandmoores. Wenn dieses Moor Kontakt zum Grundwasser hat, bildet sich Niedermoortorf, in den auch bei den seltenen Überflutungen Salz eingelagert wird. Nimmt dann aber die Torfmächtigkeit immer weiter zu und bildet sich auch oberhalb der Grundwasserlinie Hochmoortorf, ist dies ein Anzeichen dafür, dass nun kein Wasser mehr das gesamte Watt und die gesamte Salzwiesenfläche überflutet. Ein mineralarmes Hochmoor kann nur dann existieren, wenn es nicht von Salzwasser oder anderem mineralreichen Wasser überflutet wird.

Im Felswatt gibt es keine entsprechende Sukzession wie im Schlickwatt. Unterhalb der Felsen wird kein Neuland gebildet. Dort wird vielmehr Land von den Wellen zerstört, und auch die auf den Felsen wachsenden Algen können sich nicht gegen jede Strömung halten; selbst sie werden abgerissen. Doch die biologische Produktion in einem Felswatt ist wie im Schlickwatt sehr hoch; rasch wachsen für abgerissene Thalli von Algen neue nach. Die abgerissenen Thalli werden an Sandstrände in der Nähe geworfen. Dort können sich ganze Berge von großen Algen aufschichten, die langsam abtrocknen und sich zersetzen. In den Ferien- und Badeorten lässt man es so weit nicht kommen: Die großen Thalli der Algen werden mit Planierraupen, Radladern und Baggern beiseitegeräumt und auf Kähnen abtransportiert.

1 Salzwiese und Wattenmeer bei Niedrigwasser, Nationalpark Wattenmeer

2 Felswatt von Helgoland: In Gezeitentümpeln, den Rockpools, und zwischen großen Algen können Wassertiere die Zeit des Niedrigwassers überleben.

3 Das Sandwatt von Norderney bei Ebbe. Die Küstenlinie und der das Wasser ableitende Priel verändern ihre Lage unaufhörlich.

4 Lummen, Basstölpel und Dreizehenmöwen auf dem Lummenfelsen von Helgoland

5 Kegelrobben am Strand der Düne von Helgoland

6 Tropische Mangroveninsel in der Karibik, Escudo de Veraguas, Panama

7 Korallenfische im Riff Raja Ampat, Westpapua, Indonesien

8 Warft auf der Hallig Hooge, Schleswig-Holstein

9 Kurt Sieth (1917–1999), Ewer im «Hafen» von Assel an der Tide-Elbe. Das Schiff setzt sich bei Niedrigwasser mit seinem platten Boden auf dem Boden ab und schwimmt bei hohem Wasserstand wieder auf.

10 Oluf Braren (1787–1839), Ing Peter Matzen mit Kindern, ca. 1820

11 Heinrich Gätke (1814–1897), Fischer an der Küste, vermutlich Helgoland, 1840, Öl auf Leinwand

12 Emil Nolde (1867–1956), Landschaft um Utenwarf und Seebüll, Nordfriesland, vor 1956, Aquarell auf Japanpapier, Sprengel Museum, Hannover

13 Claude Monet, Der Nadelstein bei Étretat, Ebbe, 1883, Öl auf Leinwand

14 Franz Schensky (1871–1957), Sich brechende Wellen, Helgoland

15 Der Felsen «Lange Anna», das Wahrzeichen von Helgoland

16 Wattenmeer bei Cuxhaven, Nationalpark Wattenmeer

Watt in den Ästuaren

Wattflächen der Meere sind mit den Wattflächen der Ästuare verknüpft, die sich von den Flächen des Meereswatts leicht unterscheiden. Ästuare sind Flussmündungen, in denen sich bei hohen Meerwasserständen das abfließende Wasser staut. Daher kommt es auch in den Ästuaren zu Gezeiten, einem regelmäßigen Anstieg und Ablaufen des Wassers.

Die in die Deutsche Bucht mündenden Flüsse Elbe und Weser verlaufen in ehemaligen Urstromtälern. In ihnen war die Wasserführung während der Eiszeiten sehr unregelmäßig: Im Sommer flossen riesige Mengen an Schmelzwasser in Richtung Meer. In der kalten Jahreszeit erstarrte Wasser zu Eis, und die breiten Täler trockneten nahezu aus, oder es blieb nur ein schmales Rinnsal zurück. Dies war in der vorletzten Eiszeit der Fall, als das Wasser der Elbe und weiterer Flüsse im Aller-Urstromtal in Richtung Nordsee abfloss. Weiter nördlich lag das Gletschereis. Die Weser mündete in einem ausgedehnten Delta, das sich zwischen Nienburg und Bremen ausgebildet hatte, in diesen Strom. Erst seit der letzten Eiszeit ist die Weser der mächtigere Strom; daher mündet heute nicht die Aller, sondern die Weser in die Nordsee. Das Wasser der Elbe fand einen neuen Abfluss weiter nördlich, im Vorfeld der Gletscher der letzten Eiszeit: Es entstand das eigene Urstromtal der Elbe.

Nach den Eiszeiten schmolzen zuerst die Eismassen in den Randgebieten der Gletscher. Nach dem Verschwinden des Eises floss das Wasser in den Urstromtälern sommers wie winters gleichmäßiger ab, und das gesamte Urstromtal wurde von den Wassermassen nicht mehr ausgefüllt. Die Flüsse zogen sich in die Mitte der Täler zurück. Seitlich des Stromstriches wurde am meisten Sediment abgelagert; ein Fließgewässer im flachen Gelände, das von diesen Vorgängen geprägt ist, bezeichnet man als Dammfluss. Seitlich des Dammes wird weniger Material abgelagert, es entstehen Senken, aus denen Wasser nicht mehr quer durch den Damm in Richtung Flusstalmitte abfließen kann. Oker und Leine als Nebenflüsse der Aller oder die Sude als Zufluss der Elbe haben daher «verschleppte Flussmündungen»; sie verlaufen ein Stück weit neben den Flüssen, in die sie münden, und brechen erst dann durch die Uferwälle. An vielen Stellen bildeten sich an den Seiten der Flussniederungen Talrandmoore.

Das Alte Land und das lang gestreckte Hochland von Kehdingen sowie möglicherweise auch Butjadingen entstanden durch Flussablagerungen. Diese Ablagerungen wurden an zahlreichen Stellen in Tongruben abgebaut und zu Ziegeln gebrannt. Am Rand der Urstromtäler bildeten sich Moore: das «neue Land» südlich des Alten Landes[10] und das Kehdinger Moor an der Elbe sowie das Ipweger und das Hohe Moor nordöstlich von Oldenburg an der Weser. Während die alten Flussbetten zu immer trockenerem Siedlungsland wurden, «kippte» der Fluss in die nicht vermoorte Randsenke des Tales, vielleicht auch unter dem Einfluss der Überflutung durch das Meer in den Ästuaren. Der Ästuar der Weser (mit der Aller) befindet sich in der rechten Randsenke des Tales, der Ästuar der Elbe bis in die Nähe von Glückstadt im Norden des Tales; zur Nordsee hin nimmt das Wasser dann noch ein kurzes Stück die linke Seite des Ästuares (bei Otterndorf und Cuxhaven) ein.

Die Moore wuchsen mehrere Meter in die Höhe, weil organische Substanz wegen des Mangels an Sauerstoff im nassen Torf nicht zersetzt werden konnte. Wenn das Meer in die vermoorten Flächen eindrang, schwamm auch hier der Torf, der leichter als Wasser ist, als Klappklei auf dem Meer. Die Moore blieben recht stabil bestehen und waren sogar als Siedlungsuntergrund geeignet: Häuser hoben sich mit dem Torf und waren so vor Überflutung gesichert. Erst im Lauf der Zeit wurde der Torf vom Meer aufgearbeitet und zerbrach in Einzelteile. Das lässt sich am Sehestedter Außendeichsmoor am Jadebusen, einem kleinen Rest des Hohen Moors nordöstlich von Oldenburg, noch erkennen.

In der Regel strömt Meerwasser nur in den Bereich eines Ästuars, der dem Meer am nächsten liegt; dort kommt es erst allmählich zu einer Vermischung von Süß- und Salzwasser: Die beiden Formen von Wasser verhalten sich zunächst wie zwei verschiedene Flüssigkeiten. Das schwerere Salzwasser sinkt nach unten, das leichtere Süßwasser schwimmt auf dem Salzwasserkörper. Die übrigen Watten eines Ästuars werden gelegentlich als Süßwasserwatten bezeichnet, denn die Überflutung kommt in der Regel nicht durch eine Flutströmung entgegen der Fließrichtung des Flusswassers zustande, sondern durch die stauende Wirkung der Flut vom Meer her. Trotzdem ist nicht auszuschließen, dass gelegentlich auch Wasser vom Meer her mit einem höheren Salzgehalt weit in den Ästuar gedrückt wird. Es fließt auf jeden Fall nicht immer meerwärts ab. Für Hamburg hatte das möglicherweise katastrophale Folgen: 1892 gab es eine verheerende Cholera-Epidemie, die letzte umfangreiche im Westen Europas.[11] Mit Bakterien verunreinigtes Wasser blieb wohl lange in der Elbe bei Hamburg stehen, anstatt zum Meer abzufließen, es schwappte im Ästuar hin und her. Mutmaßlich unter anderem deswegen infizierten sich Tausende von Menschen und kamen ums Leben.

In den Ästuaren kommen andere Diatomeen vor als im Watt eines Meeres. Diese Organismen zeigen die Umweltverhältnisse sehr genau an, daher dominieren bei verschiedenen Salzgehalten des Wassers unterschiedliche Kieselalgen. Auch sie bleiben bei niedrigen Wasserständen auf dem Watt liegen und betreiben reichlich Fotosynthese. Und auch sie können bei der nächsten Überflutung wieder ins Wasser aufgenommen werden und mit der Ebbe ins Wasser des Ästuars gespült werden. Dort leben sie dann im Plankton – genauso wie die verwandten Arten im Meer. Oder sie werden von der Fließströmung des Flusses und dem viel kräftigeren Ebbstrom ins offene Meer gerissen. Dort gehen die verfrachteten Kieselalgen allerdings zugrunde, weil sie in einen Bereich zu hoher Salinität gelangen, in dem sie nicht leben können.

Die Entwicklungen der Wattbereiche Felswatt, Sandwatt und Schlickwatt stehen in Verbindung miteinander, und auch die Entwicklungen in den Ästuaren laufen nicht isoliert davon ab. Neben einer von Wellen abgebauten Küste eines Felswatts entsteht im Verlauf der Bildung einer Ausgleichsküste ein Sandwatt. Der dort abgelagerte Sand wird bei Regen ausgesüßt; Salzreste werden in den Untergrund gespült. Bei sonnigem Wetter trocknet der Sand, der Wind kann mit ihm spielen, ihn aufnehmen und zu Dünen aufschichten, die von Pflanzen festgehalten werden. Hinter Sandbänken und Dünen herrschen viel ruhigere Bedingungen im Wasser als vor den Sandablagerungen; das ist die Voraussetzung für die Bildung eines Schlickwatts, eines «Rückseitenwatts» hinter einer Insel, hinter einer Nehrung oder hinter einer Sandbank.

Mangroven und Korallenriffe in den Tropen

Auf allen Wattflächen der Erde kommt es zu ähnlichen Entwicklungen wie im Wattenmeer der Nordsee, dem größten Watt der Welt. Quellerpflanzen sind nahezu weltweit verbreitet; sie gehören aber nicht alle zur gleichen Art des Europäischen Quellers (Salicornia europaea). Den Queller an den Küsten Nordamerikas hatte man zunächst als eigene Art beschrieben, erkannte aber inzwischen, dass er genetisch identisch mit dem Europäischen Queller ist. Damit ist klar, dass sich die Pflanze rings um den Atlantik ausbreiten konnte. Durch verschiedene Quellerarten wird überall an den Küsten der Welt der Beginn der Entwicklung vom Watt zur Salzwiese gelegt. In den höheren Breiten der Erde setzten solche Sukzessionsvorgänge erst nach dem Ende des Eiszeitalters ein, also erst seit wenig mehr als zehntausend Jahren. Biozönosen in den Tropen weisen dagegen ein viel höheres Alter auf; ihre Entwicklung wurde nicht durch die Klimaschwankungen des Eiszeitalters gestört. Das ist auch bei den Pflanzengemeinschaften an den Meeresküsten der Fall. In den Gezeitenzonen tropischer, zum Teil auch subtropischer Meere mit Wassertemperaturen von ständig mehr als 20 °C wachsen neben Kräutern auch Gehölzpflanzen der Mangroven (siehe Tafel 6). Sie entwickelten sich wie alle tropischen Biozönosen in sehr langer Zeit ungestört. Mangroven sind als Pflanzengemeinschaft immergrün; das bedeutet, dass die Pflanzen ihr Laub nicht alle zur gleichen Jahreszeit, sondern zu unterschiedlichen Zeitpunkten abwerfen. Sie können auch zu jeder Jahreszeit wieder neu austreiben, so dass es jederzeit Pflanzen mit grünen Blättern gibt.

Für die Mangrovenpflanzen ist die Wasseraufnahme besonders schwierig, denn Wasser muss von den Wurzeln bis in die höchsten

Astspitzen und Blätter der Bäume gelangen. Gerade dort ist am meisten Licht für die Fotosynthese verfügbar. Da ist es wohl günstig, dass das Wasser in der Umgebung der Bäume immer wieder wechselnde Eigenschaften besitzt. Bei hohem Meerwasserstand und trockener Witterung sind die Salzgehalte sehr hoch, bei starkem tropischem Regen und in der Nähe von Süßwasserquellen, die direkt ins Meer münden, können dauerhaft oder zeitweise auch deutlich geringere Salzgehalte auftreten, die die Wasseraufnahme für die Pflanzen erleichtern. Wechselnde Salinitäten sind außerdem typisch für die Deltas und Ästuare, in denen viele Mangrovenwälder vorkommen, also in den Mündungsbereichen der Flüsse.

In den Mangroven können ferner nur solche Pflanzen überdauern, die Stürme und starke Brandung ertragen und die sich auch unter den besonderen ökologischen Bedingungen in den Gezeitenzonen vermehren können. Bei Niedrigwasser liegen die Wurzelhälse und unteren Stammpartien der Pflanzen frei, bei Hochwasser werden sie überflutet. Bei Trockenheit kristallisiert Salz an den Wurzelhälsen aus. Die meisten Blätter entfalten sich oberhalb der Hochwasserlinie.

Man unterscheidet die artenarmen Westmangroven an den Küsten des Atlantischen Ozeans, also in Westafrika und dem östlichen Südamerika, in denen lediglich acht Baumarten vorkommen, von den artenreicheren Ostmangroven rings um den Pazifischen Ozean, in denen über fünfzig verschiedene Baumarten wachsen. Der Grund dafür, dass die Ostmangroven artenreicher sind, liegt wohl darin, dass sich westlich von Afrika Mangroven erst später entwickelten als östlich des Kontinents; der Atlantik bildete sich später als der Pazifik. Bereits in der erdgeschichtlichen Epoche der Trias gab es die Tethys als Vorläufer des Pazifischen Ozeans, des Gebiets der östlichen Mangrove, während sich zu dieser Zeit der Atlantische Ozean erst zu öffnen begann.

An den Küsten des Atlantiks sind Bäume der Pflanzenart Rote Mangrove (Rhizophora mangle) verbreitet, und zwar sowohl in Westafrika als auch an der Ostküste Südamerikas, etwa in Brasilien. Das muss keineswegs darauf zurückzuführen sein, dass es die Pflanzenart bereits zur Zeit der Bildung des Atlantischen Ozeans gab und also das Verbreitungsgebiet der Pflanze durch das Aufbrechen des Atlantiks in zwei Teile zerbrach. Es dürfte nämlich auch nach der Trennung der Kontinente durch den Atlantik noch zu einem Austausch von Mangrovenpflanzen zwischen den beiden Küsten gekommen sein. Das hängt mit der sehr interessanten Verbreitungsbiologie der Mangrovenpflanzen zusammen. In den Mangrovenregionen gibt es nur wenige sichere Plätze («Safe Sites»), an denen sich Jungpflanzen festsetzen und anschließend aufwachsen können. Die in den Tiden hin und her strömenden Wassermassen reißen alles lose Pflanzenmaterial mit sich, was nicht fest im Untergrund verankert ist.

Die Samen der Pflanze keimen auf den Mutterpflanzen und bilden ein langes Hypokotyl aus; so bezeichnet man den Sprossbereich unterhalb der Keimblätter unter Einschluss der Initialen von Wurzeln. Dieses charakteristische Wachstum beschreibt der wissenschaftliche Gattungsname der Pflanze Rhizophora. Das bedeutet nämlich «Wurzelträger».

Die unten zugespitzten Hypokotyle fallen, nachdem sie eine Weile auf der Mutterpflanze gewachsen waren, in den Schlickbereich unterhalb der Mutterpflanzen. Dort können sich die Jungpflanzen rasch bei niedrigem Wasserstand im Untergrund einbohren und auf diese Weise festsetzen. Das muss aber während eines Tidenzyklus erfolgen; wenn der Wasserstand mit der Flut steigt, werden nicht im Boden verankerte Jungpflanzen verlagert. Mit der nachfolgend einsetzenden Ebbströmung können die Jungpflanzen dann ins offene Meer hinausgerissen werden. Sie können lange Zeit von den Strömungen hin und her bewegt werden, ehe sie eine «Safe Site» zum Anwachsen finden. Es ist aber sogar möglich, dass die Jungpflanzen über den Atlantik treiben und dass auf diese Weise ein genetischer Austausch zwischen den Populationen der Roten Mangrove, Rhizophora mangle, östlich und westlich des Atlantiks ermöglicht wird. Auf jeden Fall ist davon auszugehen, dass es auf diese Weise zur Verbreitung der Pflanzenart an sämtlichen tropischen Küsten des Atlantiks kam. Es ist überdies nicht auszuschließen, dass über den Atlantik treibende Jungpflanzen von

Rhizophora auch andere Organismen mit sich genommen haben und auch immer noch mitnehmen. Auch weitere Mangrovenpflanzen könnten auf gleiche Weise von den Ostküsten der Ozeane an deren Westküsten oder in Gegenrichtung gelangen.

Man kann die Entwicklung der Jungpflanzen der Roten Mangrove mit der von Queller, Salicornia europaea, vergleichen. Beide leben im Watt, in dem Jungpflanzen, wenn sie denn aus Samen gewissermaßen «normal» keimen würden, kaum eine Chance hätten, sich im Boden zu verankern. Daher finden die ersten Wachstumsschritte der Jungpflanzen auf der Mutterpflanze statt, auf der lebenden Pflanze in der Mangrove oder auf der bereits abgestorbenen im Schlickwatt. Erst nach den ersten Wachstumsschritten dringen die Wurzeln in den Schlickboden am Rande des Meeres ein. Dabei werden sie im Fall des Quellers bereits an einem Wuchsort festgehalten, von der toten Mutterpflanze nämlich, während sie sich bei der Mangrovenpflanze während einer Phase mit niedrigem Wasserstand im Wattboden verankern müssen.

In den Mangrovenbereichen wachsen sehr viele Jungtiere auf, die später auch in anderen Bereichen des Meeres zu finden sind (Fische, Muscheln, Garnelen und andere Krebse). Mangroven haben daher eine große Bedeutung für die Biodiversität. Sie sind aber auch ein sehr effizienter Schutz für die Küste vor der Meeresbrandung, sie schützen vor Tsunamis, die sich in den vulkanischen Regionen mit ihren häufig auftretenden Erdbeben rings um die Ozeane immer wieder bilden können.

Trotz ihrer großen Bedeutung wird zu wenig darauf geachtet, Mangroven zu bewahren. Viele dieser Waldbestände werden abgeholzt, um Brennholz zu gewinnen. Auf den gerodeten Flächen kann beispielsweise Garnelenzucht betrieben werden. Dies ist aber nur für eine begrenzte Zeit möglich, weil sich in den Garnelenteichen Schadstoffe ansammeln. Nahezu ausgeschlossen ist dagegen, einmal beseitigte Mangroven wieder aufzuforsten. Das mag daran liegen, dass es nicht gelingt, «Safe Sites» für die Jungpflanzen außerhalb dicht bestandener Mangrovenflächen zu «erzeugen». Massive Küstenerosion ist die

Folge; das Abholzen von Mangroven ist eine der wichtigsten Ursachen von Landverlust auf der Erde.

Ein weiteres sehr artenreiches Ökosystem der Tropen bilden die Korallenriffe. Auf etlichen von ihnen, aber nicht auf allen, entstanden Mangroven. Auch für die Entwicklung von Korallenriffen ist es unbedingt notwendig, dass die Wassertemperatur stets über 20°C liegt. Viele Korallenriffe bilden ein Atoll, einen ringförmigen Wall, der eine Lagune einschließt. Nach einer Theorie von Charles Darwin entstand zunächst ein Vulkan in der Mitte eines Atolls, um den herum sich ein Korallenriff bildete. Der Vulkan verschwand später, aber das Riff blieb erhalten. Nach einer moderneren Theorie des bekannten Meeresforschers Hans Hass gab es zunächst Korallenriffe, die im Zentrum eines heutigen Atolls lagen. Diese Riffe wuchsen nach außen. Weil dann die inneren Partien der Riffe schlechter mit Wasser versorgt waren, starben sie ab, und nur die äußeren Partien der Korallenriffe lebten und leben weiter, so dass sich ein ringförmiges Atoll ausbildete.

Korallenriffe sind komplett biogen, also durch Pflanzen und Tiere entstanden, und dies setzt sich in der Gegenwart fort (siehe Tafel 7). Der Kalk der Riffe wird von Steinkorallen aufgebaut, das sind Tiere aus der Gruppe der Scleratinia, die zu den Blumentieren (Anthozoa) gehören. Das Carbonat der Kalke stammt aber eigentlich aus dem Stoffwechsel von Zooxanthellen, die mit den Steinkorallen in einer Symbiose leben. Zooxanthellen sind Einzeller, von denen nicht ganz klar ist, ob es sich dabei um Tiere oder Pflanzen handelt. Sie bewegen sich wie Tiere, besitzen aber wie Pflanzen Chlorophyll. Sie betreiben Fotosynthese, fixieren also Kohlenstoffdioxid aus der Atmosphäre und bilden kohlenstoffhaltige Substanzen, von denen sich die Steinkorallen ernähren. Daraus entstehen Riffkalke, die sich vor allem nahe der Wasseroberfläche absetzen. Dort ist die biologische Produktion der Zooxanthellen am stärksten, weil sie das ins Meerwasser eindringende Sonnenlicht am besten nutzen können.

Korallenriffe sind außerordentlich artenreich, aber auch zahlreichen Gefährdungen ausgesetzt, unter anderem durch unsachgemäße Fischerei, beispielsweise mit Sprengstoff. Besondere Gefahren für

Korallenriffe gehen von der immer stärker um sich greifenden Korallenbleiche aus. Dabei werden die grünen Zooxanthellen abgestoßen. Infolgedessen wird das aus der Atmung der Steinkorallen und zahlreicher anderer Tiere stammende Kohlenstoffdioxid im Bereich der Riffe nicht abgebaut. Kohlenstoffdioxid reagiert mit Wasser zu Kohlensäure, die den Kalk der Steinkorallen in den Riffen löst.

Korallenriffe, die sich über den Meeresspiegel erheben, können von zahlreichen tropischen Gewächsen besiedelt werden, unter anderem von frostempfindlichen Palmen. Menschen können auf den empfindlichen Ökosystemen ebenfalls leben, wenn es dort Süßwasser gibt; Quellen werden von Niederschlägen gespeist, die in den Boden einsickern.

Das Watt als Wiege des Lebens

Watt steht immer unter dem Einfluss der wiegenden Bewegung der Gezeiten. Auch wenn eine Säuglingswiege in Bewegung gesetzt wird, bewegt sie sich in der Art und Weise einer Sinuskurve. Sämtliches Leben am Rand eines Meeres wird von den sinusförmigen Schwankungen der Wasserstände am stärksten beeinflusst. Aber der Begriff der Wiege hat noch eine grundsätzlich andere Bedeutung. Man spricht auch von der Wiege, die etwas Neues entstehen lässt. Und flache Wasserbereiche am Rand von Meeren haben eine besondere Bedeutung für die Herausbildung von Biodiversität, von neuen Populationen von Lebewesen, von Arten.

Wohlgemerkt: Im Untertitel dieses Buches ist nicht von «der Wiege» im Sinne einer einzigen Wiege des Lebens die Rede, denn diese lässt sich nicht ermitteln. Das Leben der Erde ist nicht an einem einzigen Ort entstanden. Vielmehr ist die Entwicklung des Lebens, die Evolution, von sehr verschiedenen Faktoren abhängig, die sich an unterschiedlichen Orten der Erde auf besondere Weise auswirken können. Aber eine besonders wichtige Wiege des Lebens liegt am Rand der Meere.

Das Leben hat eine molekulare Basis, es gibt Nukleinsäuren, die sich in ihrer Struktur durch Mutationen verändern. Diese Mutationen können spontan und zufällig auftreten. Besonders oft wird das Erbgut dort verändert, wo es unter dem Einfluss von Strahlung steht, vor allem der Sonnenstrahlung. Im Meer, wo sich das Leben zunächst entwickelte, gab es an seinen Rändern, im flachen Wasser, die meiste Strahlung, und dabei kam die allermeiste Strahlung in den zeitweilig nur von einem dünnen Wasserfilm bedeckten Bereichen des Watts auf der Erdoberfläche an. Das Watt ist also eine Region, in der die Mutationshäufigkeit allein schon aus theoretischen Erwägungen hoch ist. Noch höher ist sie vielleicht in den wolkenarmen Regionen der subtropischen Gebirge, die sich zu Zentren der genetischen Vielfalt entwickelten. Aber natürlich konnte es dazu erst kommen, als sich das Leben nicht nur im Wasser, sondern auch auf dem Land abspielte. Erst dann entstanden die Zentren genetischer Vielfalt in den Gebirgen.

Solange sich Individuen von Pflanzen und Tieren, die Träger von Mutationen sind, noch fruchtbar mit Individuen kreuzen, die keine Träger von Mutationen sind, besteht noch keine genetische Trennung mutierter und nicht mutierter Individuen voneinander. Dazu müssen weitere Voraussetzungen gegeben sein, nämlich vor allem eine lange Isolation der beiden Gruppen, während der es zu weiteren Mutationen kommen kann. Darwin erklärte dies anhand der Entstehung von Diversität unter den sogenannten Darwinfinken, die eigentlich keine Finken sind, sondern eine eigene Gruppe von Vögeln bilden. Sie entwickelten sich auf den Galapagos-Inseln isoliert voneinander: Jede Insel bekam «ihre» Finkenart, die sich unabhängig von den anderen entwickelte: Es ereigneten sich weitere Mutationen, und die Finken wurden einander immer unähnlicher, bis sie sich schließlich nicht mehr fruchtbar untereinander kreuzen konnten.

Um dieses Phänomen zu beschreiben, hat sich der unglücklich gewählte Begriff «Adaptive Radiation» durchgesetzt, der nahelegt, dass sich die Vögel aktiv an ihre Umwelt angepasst, adaptiert hätten. Aber Evolution ist keineswegs ein aktiver Vorgang. Es gibt keine aktive Anpassung von Arten. In der Biologiedidaktik spricht man stattdessen von einer Angepasstheit von Arten, die als Resultat eines passiven Vorganges aufgefasst werden muss. Aber auch dieser Begriff ist nicht glücklich gewählt, denn es gibt keine fertig angepassten Arten, sondern ausschließlich Vorgänge eines weiteren Angepasstwerdens, denen Arten unterworfen sind. Arten sind niemals «fertig», sondern entwickeln sich weiter, werden im Lauf der Zeit noch verschiedener voneinander. In einem korrekten Begriff müsste das zum Ausdruck gebracht werden.

An einer Ausgleichsküste bilden sich unterschiedliche Gewässer, die durch eine Nehrung voneinander getrennt werden: das offene Meer und das Haff-, Lido- oder Boddengewässer. Das Wasser im Haff hat einen anderen Salzgehalt als das Meerwasser: Entweder ist er geringer, dann nämlich, wenn Regenwasser und das Wasser von Zuflüssen aus dem Land das Haff aussüßen, oder es entsteht eine Mischung aus Salz- und Süßwasser, das Brackwasser. Und eine dritte Möglichkeit: Im Haff verdunstet viel Wasser bei hohen Temperaturen und geringen Niederschlägen, ohne dass Wasser über den Regen oder den Zufluss nachgeliefert wird. Dann wird das Wasser im Haff salziger als das Meerwasser.

Es gibt noch weitere Unterschiede: Im offenen Meer gibt es höhere Wellenbewegungen, die Mineralstoffgehalte und die Sauerstoffversorgung können sich zwischen offenem Meer und Haff unterscheiden, das flache Gewässer des Haffs heizt sich in der Sonne schneller auf, und es bildet sich dort im Winter eher eine Eisdecke.

Wenn nun Tiere oder Pflanzen sowohl im offenen Meer als auch im Haff vorkommen, leben sie unter völlig verschiedenen Bedingungen. Es herrschen unterschiedliche Selektionsbedingungen. Populationen von Pflanzen und Tieren entwickeln sich in unterschiedliche Richtungen, indem abhängig vom Ort Individuen mit unterschiedlichen Eigenschaften bevorzugt werden. Im Haff und im offenen Meer sind Organismen mit anderen Eigenschaften am besten an den Lebensraum angepasst, weil die Wasserqualität verschieden ist. Im Haff vermehren sich andere Individuen besser als im offenen Meer. Voraussetzung für einen solchen Vorgang ist aber, dass die Individuen voneinander getrennt sind, sich also nicht miteinander vermischen können, so dass die individuellen Unterschiede bestehen bleiben.

Offenes Meer und Haff sind dauerhaft voneinander getrennt. Im Watt dagegen kommt es unaufhörlich zur Trennung von Lebensräumen, in denen unterschiedliche Lebensbedingungen herrschen. Im Felswatt entstehen immer wieder neue Rockpools mit unterschiedlichen Salzgehalten des Wassers und unterschiedlichen Temperaturen. Im Sandwatt schnüren Sandbarrieren Gewässer im Hinterland vom

Meer ab, in den Dünen entstehen Süßwasserstandorte mit völlig anderen Organismen als im freien Meer. Und auch im Schlickwatt sondern sich Standorte von solchen im Meer ab.

Tatsächlich hat man einen Beleg dafür, dass sich das Gewächs, das als die erste Landpflanze auf der Welt gilt, in der Nähe des Watts entwickelte. Die Rede ist von Rhynia, so genannt nach ihrem Fundort Rhynie in Aberdeenshire im Norden Schottlands. Die von dieser Pflanze gefundenen Fossilien belegen eindeutig, dass es sich bei ihr um eine Landpflanze handelte. Vor ihrer Existenz muss es zuerst eine Trennung zwischen Meerpflanzen und Wattpflanzen gegeben haben. Erst danach haben sich Pflanzen, die im Watt wuchsen, von anderen, die ganz am Land vorkamen, voneinander differenzieren können.

Das Watt ist also auch deswegen eine Wiege des Lebens, weil sich dort Gruppen von Lebewesen separierten und auf diese Weise die Biodiversität größer wurde. Die neuen Arten hatten die gleichen Vorfahren, wurden aber voneinander isoliert.

Noch ein weiterer Punkt ist bemerkenswert: Das Watt, unter Einschluss der Seegraswiese, ist der produktivste Lebensraum der Erde. Nirgends sonst auf der Welt wird pro Flächeneinheit mehr organische Substanz produziert. Das liegt daran, dass Sonnenlicht ungehinderten Zugang zur Wattoberfläche, auch zu flachen Wasserbereichen hat, so dass dort ohne Beschränkung Fotosynthese stattfinden kann. Bei der Fotosynthese wird nicht nur organische Substanz aufgebaut, sondern auch Sauerstoff freigesetzt, der von allen Lebewesen der Erde, seien sie nun Land- oder Meeresorganismen, zur Atmung genutzt werden kann. Die Zellatmung, die hier gemeint ist, ist etwas anderes als das im täglichen Sprachgebrauch ebenfalls als Atmung bezeichnete Luftholen. Bei der Zellatmung wird Energie bereitgestellt, und zwar von allen lebenden Zellen von Tieren und Pflanzen.

Um zur Fotosynthese zurückzukommen: Bei ihrem Ablauf wird Kohlenstoffdioxid verbraucht. Dies ist ein weiterer Vorgang, von dem das gesamte Leben auf der Erde abhängig ist. Je mehr Kohlenstoffdioxid in der Atmosphäre vorhanden ist, desto stärker heizt sie sich auf. Dieser globale Klimawandel muss mit allen Mitteln bekämpft werden; man kann dies dadurch tun, dass man die Freisetzung von Kohlenstoffdioxid senkt, aber man kann dies auch dadurch tun, dass man mehr Kohlenstoffdioxid abbaut durch eine Förderung der Fotosynthese, wo immer das möglich ist. Durch eine Vergrößerung der produktiven Fläche im Watt ließen sich riesige Mengen an Kohlenstoffdioxid abbauen. Darin liegt eine erhebliche Bedeutung des Watts, die noch viel zu wenig erkannt ist. Auch wegen dieser immensen Bedeutung kann man das Watt als Wiege des Lebens bezeichnen.

Verbunden mit der hohen Fotosyntheseleistung ist die Akkumulation organischer Substanz als Basis der Neulandentstehung im Schlickwatt. Dadurch wird eine wichtige Sukzession ausgelöst, in deren Verlauf neues Leben entsteht, das auch die Basis eines Lebens für Menschen ist.

Watt und Klimageschichte

In den vergangenen Jahrtausenden haben sich die Wasserstände der Weltmeere erheblich verändert. Deswegen bildete sich auch an immer wieder anderen Stellen ein Watt, eine amphibische Zone zwischen Land und Meer. Wasserstände von Meeren und Meereshöhen von Land verändern sich aus verschiedenen Gründen. Die Gesteinsschollen der Landoberflächen können sich heben oder senken, sie können auch kippen. Solche tektonisch bedingten Änderungen der Höhenlagen von Landbereichen bezeichnet man als Isostasie. Isostatische Veränderungen von Kontinentalschollen führten dazu, dass sich Gebirge bildeten, in deren Höhenlagen man Überreste von Meerestieren findet. Die Fossilien, die einem heute auf den Gipfeln der Alpen oder in den Hochlagen der Schwäbischen und Fränkischen Alb begegnen, stammen von Tieren, die einstmals in einem flachen Meer gelebt hatten, dessen Wasserspiegel sich nicht wesentlich von dem heutigen unterschied. Denn es kann nur eine recht konstante Menge von Wasser an der gesamten Erdoberfläche geben. Der Schweizer Naturforscher Johann Jakob Scheuchzer (1672–1733) war dagegen dem Irrtum erlegen, diese Fossilien als Beweis für die Sintflut zu deuten, die selbst höchste Gebirge unter Wasser gesetzt habe. Für diesen Irrtum wurde Scheuchzer berühmt. Dabei zog er eigentlich einen logischen Schluss in einer Zeit, in der man von Tektonik und den Überschiebungen von Kontinentalplatten noch kaum etwas wusste.

Von der Wassermenge der Erde kann allerdings ein kleinerer oder größerer Anteil den Weltmeeren entzogen sein, etwa dann, wenn sich an der Erdoberfläche große Mengen von Eis gebildet haben. Dann sinkt der Wasserspiegel ab, ohne dass tektonische Gründe dafür bestehen. Und wenn besonders viel Eis schmilzt, steigt der Meeresspiegel. Die dadurch ausgelösten Veränderungen werden als Eustasie oder eustatische Meeresspiegelveränderungen bezeichnet.

Während bei den Überschiebungen der europäischen und afrikanischen Schollen, etwa bei der Bildung der Alpen und vieler anderer Gebirge in Mitteleuropa, auch bei den sich weiter im Osten anschließenden Gebirgen in Asien allein isostatische Änderungen der Meer-Land-Verteilung eine Rolle spielten, kam es in der jüngeren Erdgeschichte, im Quartär oder Eiszeitalter, sowohl zu isostatischen als auch eustatischen Meeresspiegelschwankungen. An den flachen Küsten der Schelfmeere, unter anderem an der Nordsee, wirkten sich die Veränderungen der Meeresspiegelhöhen besonders stark aus. In den Eiszeiten sank der Meeresspiegel, in wärmeren Phasen taute das Eis, und Wasser bedeckte größere Teile des Schelfs. Die Küstenlinie an den flachen Ufern der Schelfmeere verschoben sich um Hunderte von Kilometern.

Ein Watt an der Nordsee muss es auch schon in früheren warmen Phasen des Quartärs gegeben haben. Das Quartär ist zwar das Eiszeitalter, das die vergangenen etwas mehr als zweieinhalb Millionen Jahre der Erdgeschichte umfasst, es ist aber nicht nur durch kalte Perioden charakterisiert, sondern durch einen Wechsel von Glazialen (Eiszeiten) und Interglazialen (Warmzeiten). Auch vor dem Beginn des Eiszeitalters, am Ausgang des Neogens, herrschte ein warmes Klima vor. Früher sprach man von der geologischen Ära des Tertiär, das dem Quartär voranging. Das Tertiär wurde aber von den Geologen in einen älteren Abschnitt, das Paläogen, und das jüngere Neogen unterteilt. Im Paläogen herrschten erheblich höhere Temperaturen, im Neogen wurde es allmählich kühler, war aber immer noch wärmer als heute. Die Antarktis war bereits von großen Gletschern bedeckt, nicht aber die Arktis, das Gebiet um den Nordpol.

Völlig abweichende klimageschichtliche Verhältnisse stellten sich im Quartär ein, in dem es mehrfach zu erheblichen Schwankungen der Jahresmitteltemperaturen in der Größenordnung von zehn Grad kam. In den kalten Phasen bildeten sich auch über der Nordhalbkugel der Erde ausgedehnte Gletscher, die sich weit in den Süden ausbreiteten, nach Europa, Asien und Nordamerika. Sie entstanden aber nur unter dem Einfluss eines niederschlagsreichen Klimas, vor allem in Nordamerika und im westlichen Teil von Eurasien. Ein kleinerer Gletscher lag über dem Osten Asiens. In diesen Gletschern wurde insgesamt eine riesige Menge an Wasser gebunden, die sich sonst in den Weltmeeren befand. In der letzten Eiszeit, die man in weiten Teilen Europas Würm- oder Weichseleiszeit nennt, lag der Wasserspiegel der Weltmeere um 120 bis 130 Meter niedriger als heute. Wo Gebirge an die Meere grenzen, beispielsweise am Mittelmeer, verschoben sich dadurch die Küstenlinien nicht allzu stark. Aber im Bereich der Schelfmeere wurde die Wasserfläche erheblich kleiner. Von der Nordsee existierten nur kleine Teile im Norden, die aktuell mehr als 130 Meter Tiefe aufweisen. Aber bis dorthin reichten nach heutigen Vorstellungen auch die Gletscher aus dem Norden, so dass es zur Bildung eines größeren Meeres gar nicht kommen konnte. Man ist heute der Ansicht, dass sich über Europa und dem Norden der Britischen Inseln ein gemeinsamer Gletscher befand, mit Ausnahme allerdings des Gebietes der südlichen Nordsee und von Nordwestdeutschland. Im Ostseegebiet wiederum gab es einen Gletscher, der sich bis nach Jütland und in den Nordosten Mitteleuropas erstreckte. Unter seiner Wirkung entstanden die tiefsten Bereiche der Ostsee, deren Form den Verlauf des Gletschers von Nord nach Süd sowohl während der letzten als auch schon während der vorletzten Vereisung, in der Warthe-Phase der Saale-Eiszeit, anzeigt. Dieser Gletscher schürfte die heutigen Becken der Ostsee aus und transportierte das abgerissene Gesteinsmaterial in das nordöstliche Mitteleuropa. Auch entstand unter der Wirkung dieses Gletschers in den beiden letzten Kaltphasen der Moränenriegel von Jütland, der seitdem die beiden mittel- und nordeuropäischen Meere Nord- und Ostsee voneinander trennt.

Mehr Land gab es außerdem vor allem in Ostasien, zwischen den Inseln Indonesiens, und auch die Beringstraße zwischen Sibirien und Alaska war trocken, bald auch eisfrei, so dass sich Tiere und auch Menschen von Asien nach Amerika ausbreiten konnten. Ferner gab es eine große Menge Land an den Ostküsten der beiden Amerikas, die damals nicht wie heute überflutet waren.

Vor etwa 18 000 Jahren ging die letzte Eiszeit zu Ende; die Jahresmitteltemperaturen stiegen in den folgenden 8000 Jahren um etwa zehn Grad an. Vor etwa 10 000 Jahren war erstmals ein den heutigen Verhältnissen ähnliches Temperaturniveau erreicht. Der Temperaturanstieg verlief nicht linear, sondern es gab mehrere Rückschläge und Phasen der rascheren Erwärmung. Und auch in den letzten zehn Jahrtausenden waren die Temperaturen nicht immer genau gleich hoch; es gab vielmehr etwas wärmere und etwas kühlere Phasen.

Die Gletscher auf der Erde, an den Polkappen und in den Gebirgen sowie die Eismassen Grönlands begannen zu schmelzen; aber das ging langsamer vor sich als der Temperaturanstieg. Denn jede Eismasse hielt die Temperatur in ihrer Nähe auf einem niedrigeren Niveau. Besonders deutlich wirkte sich dieser Effekt bei den großen Eismassen auf der Erde aus, deren Abschmelzprozess seit der letzten Eiszeit vielleicht immer noch nicht als abgeschlossen gelten kann. Als Folge davon füllten sich auch die Meeresbecken nicht mit der gleichen Geschwindigkeit, mit der der Temperaturanstieg erfolgte. Erst vor etwa 2000 Jahren hatte der Wasserspiegel der Meere ungefähr das heutige Niveau erreicht.

Das Abschmelzen der Gletscher über Nordeuropa führte aber nicht nur zu eustatischen Veränderungen der Uferlinien der Meere, sondern auch zu isostatischer Dynamik. Unter dem erheblichen Gewicht der weit über eintausend Meter dicken Eismassen hatte sich die Oberfläche Skandinaviens während der Gletscherbedeckung in einer Eiszeit um bis zu dreihundert Meter abgesenkt. Vom Eis befreit, stiegen nun die skandinavischen und finnischen Landmassen um bis zu dreihundert Meter an. Besonders stark ist dieser Anstieg im Norden Schwedens festzustellen. Und er ist noch keineswegs abgeschlossen: Der Anstieg der Landmassen ist ein noch trägerer Vorgang als das Abschmelzen des Eises und der allmähliche Anstieg der Meeresspiegel. Es kam also nach einer Eiszeit, auch nach der letzten Eiszeit, zu einem Temperaturanstieg, der das Schmelzen von Eis und einen eustatischen

Anstieg der Meeresspiegel nach sich zog; dies hatte zur Folge, dass sich die Landhöhen veränderten. Einer Idee aus dem 19. Jahrhundert zufolge hatte der Anstieg des Landes in Nordeuropa ein Absinken des nördlichen Mitteleuropas zur Folge. Zwischen dem ansteigenden und dem absinkenden Land sollte es eine hypothetische «Null-Linie» geben, die man nach einem dänischen Geologen Forchhammer-Linie nannte; man zog sie von West nach Ost quer durch die Ostsee und gab ihr auch eine Verlängerung im Nordseebereich. Heute sieht man zwar weiterhin das Phänomen, ist sich aber dessen bewusst, dass sich eine entsprechende Linie nicht genau ziehen lässt. Und von einem deutlichen isostatischen Absinken von Norddeutschland geht man inzwischen weniger aus. Bei den Veränderungen der Höhenlagen im Watt muss man auch die Neubildung von Land und das Abreißen von Land bedenken, zwei Vorgänge, die nichts mit einem eustatischen oder isostatischen Wechsel der Meeresspiegelhöhen zu tun haben und zusätzlich zu diesen beiden geologischen Prozessen stattfinden. Das muss auch bei den für die Zukunft erwarteten Wandlungen der Meeresoberflächen bedacht werden.

Ein Watt bildete sich daher an immer anderen Stellen heraus. Bis um 7000 vor Chr. kennt man die Küstenlinien nicht genau; man kann für die Zeit des frühen Abschmelzens der Gletscher den Meeresspiegelanstieg nur hypothetisch angeben. Ungefähr zu dieser Zeit brach der Ärmelkanal (oder der Englische Kanal) auf. Bis dahin war es möglich, England auf dem Festland zu erreichen, danach nicht mehr. In jüngerer Zeit sind die Küstenlinien besser rekonstruierbar. Ein großer Teil der Doggerbank und auch weite Gebiete des heutigen Wattenmeeres waren damals festes Land. Auf diesem Land lebten Menschen: Jäger der Mittleren Steinzeit.

Der eustatische Meeresspiegelanstieg verlief zeitweise recht rasch. Pro Jahrtausend stieg das Wasser um bis zu zehn Meter und mehr an. Das müssen Menschen miterlebt und wahrgenommen haben, die im Umkreis des Wattenmeeres damals schon lebten. Das ist durch archäologische Funde belegt. Allerdings konnten sich die Menschen damals die unglaublichen Vorgänge natürlich nicht erklären. Die Küstenlinie verschob sich immer weiter nach Osten, in der Richtung der jütischen Halbinsel. Auch die lange Zeit bestehende Landverbindung zwischen der Halbinsel Eiderstedt und Helgoland verschwand. Die Menschen schrieben nichts auf, sie lebten in schriftloser vorgeschichtlicher Zeit. Aber sie mögen sich Geschichten im Sinne von Storys erzählt und ihre Erlebnisse in mündlicher Tradition weitergegeben haben, von Generation zu Generation. Immer wieder wurde behauptet, der Mythos vom untergegangenen Land Atlantis der griechischen Mythologie könne im Nordseegebiet seinen Ursprung haben. Beweisen kann man dies nicht, auch wenn es in den 1950er Jahren im Titel eines umstrittenen, aber populär gewordenen Buches von Jürgen Spanuth hieß, Atlantis sei «enträtselt».[12]

Allerdings ähnelte das Watt in der Zeit des raschen Meeresspiegelanstiegs wohl nicht den heutigen Verhältnissen, die sich erst in den letzten maximal drei bis vier Jahrtausenden einstellten. Die Uferlinie veränderte sich damals zu schnell. Die Wogen der Nordsee griffen immer wieder andere sandige Ufer an und bauten sie ab. Das Sediment, das eiszeitliche Gletscher zuvor aus Skandinavien und Finnland herangetragen hatten, wurde vom Meerwasser sortiert. Steine blieben auf dem neu entstehenden Meeresgrund liegen und formten Meeresregionen, die beispielsweise «Steingrund» heißen. Gröberer und feinerer Sand, auch die feinen Schluff- und Tonpartikel wurden vom Meerwasser aufgenommen und wieder in Riffen und Nehrungen abgelagert, dann wieder vom Meer angegriffen und erneut verlagert, weil der Wasserspiegel ja immer weiter anstieg. Möglicherweise reichte die Zeit in der Phase des raschen Meeresspiegelanstieges nicht aus, um immer wieder neue Strandwälle oder auch Barriere-Inseln zu bilden. Vielleicht entstanden nur zeitweilig Sandbänke, die dann wieder überflutet wurden.

Die Nordsee muss völlig andere Eigenschaften gehabt haben. Denn auch die drei amphidromischen Punkte in dem Schelfmeer liegen heute in Gegenden, die vor einigen Jahrtausenden noch Teil des Binnenlandes waren. Das legt den Schluss nahe, dass die Tiden möglicherweise einen anderen Charakter besaßen, vielleicht geringere oder höhere Amplituden besaßen. Und amphidromische Punkte, um die sich die Tidewellen in der Vergangenheit drehten, müssen eine andere Lage besessen haben. Erst allmählich nahmen sie ihre heutigen Positionen ein.

Doch nicht nur in der Nordsee kam es zu erheblichen Veränderungen vor allem der Flachwasserbereiche durch den eustatischen Meeresspiegelanstieg, der durch die Gletscherschmelze ausgelöst worden war. Davon waren auch die Mangroven und die Korallenriffe betroffen. Die Mangrovenpflanzen verschwanden an Stellen, wo ihre Jungpflanzen keinen trockenen Boden während der Niedrigwasserphase mehr erreichten. Sie trieben an andere Stellen, die nun zu amphibischem Gelände wurden, und setzten sich dort im Boden fest. Korallenriffe mussten in den euphotischen Bereichen der Gewässer wachsen; nur in den obersten Metern der Meere gibt es genügend Licht für die Fotosynthese der Zooxanthellen. Korallenriffe müssen also einen Meeresspiegelanstieg ertragen können. Dabei bleiben aber sicher nicht die einzelnen Individuen von Pflanzen und Tieren der Lebensgemeinschaft erhalten, sondern es müssen neue entstehen, die auf den älteren aufwachsen und unmittelbar unter der Wasseroberfläche gedeihen.

Bedroht werden die Riffe durch eine Trübung des Wasserspiegels, weil dann nicht mehr genug Licht in die euphotische Wasserzone reicht, und durch die Versauerung der lokalen Wasserverhältnisse, die durch die Freisetzung von Kohlenstoffdioxid ausgelöst werden kann, wenn im Ökosystem mehr Atmung als Fotosynthese betrieben wird. Dann kann Kohlenstoffdioxid mit Wasser Kohlensäure bilden, die den Kalk der Korallen angreift.

Vor etwa 4000 Jahren hatte sich die Nordsee ungefähr in ihr heutiges Gebiet ausgedehnt. Dabei hatte sie in der Nähe der niederländischen Insel Texel, bei Cuxhaven, in Dithmarschen und in Nordfriesland die Geest erreicht. Das Meer brandete in diesen Gebieten zwar nur an lockeres Sediment, aus dem die Geest ja ihrer Natur nach besteht. Aber der Untergrund an diesen Stellen war doch stabil genug, um die Küstenform der Nordsee im Südosten festzulegen. Sie ist durch die in einem Dreieck gelegenen Orte Texel, Cuxhaven und Esbjerg gewissermaßen fixiert.

An einigen Stellen bildete sich ein deutliches Geestkliff, so bei dem nach ihm benannten Ort Kleve im nördlichen Dithmarschen. Dieses Kliff wird heute vom Meer nicht mehr bespült. An anderen Kliffs bricht aber immer noch Land ab, das vom Meer im Watt nach Korngrößen sortiert verlagert und abgelagert wird. Vor allem auf Sylt wird das Geestkliff vom Meer sukzessive zerstört, auch am Festland, am Emmerlev Klev in Dänemark. Ein Geestkliff wird rascher zerstört als ein Kliff aus festen Felsen, da die Geest nicht aus festem Gestein besteht; vielmehr ist sie ist ein lockeres Gemisch aus Stein, Sand, Schluff und Ton, das von eiszeitlichen Gletschern als Moränen abgelagert wurde. Die Westküste Schleswig-Holsteins und des dänischen Jütlands besteht aus Moränenmaterial der vorletzten Eiszeit, der Saale-Eiszeit. Geestkliffs ragen auch nicht so steil auf wie Felsenkliffs, sie werden nicht durch Brandungskehlen unterhöhlt, sondern es rutscht immer dann, wenn das Meer an die Basis des Geestkliffs vorrückt, lockeres Material ins Meer. Vor allem gelangen Unmengen an Sand und feinerem Material ins Wasser, das, intensiv sortiert von den Strömungen im Watt, wieder abgelagert wird. Also bestehen Geest und Watt aus dem gleichen Material, in der Geest liegt es unsortiert, im Watt aber aufgearbeitet von den Wellen, nach Korngrößen sortiert.

In Nordfriesland war die Geest vor einigen Jahrtausenden noch erheblich weiter ausgedehnt. Das heutige Insel- und Wattgebiet war Festland, und dieses Festland reichte auch noch weiter nach Westen, über das heutige Wattenmeer hinaus. Große Teile der nordfriesischen Geest versanken erst in den letzten Jahrhunderten in der Nordsee, so 1362 in einer der «Groten Mandränken» die Umgebung des legendären Rungholt nördlich der Halbinsel Eiderstedt. Zum Untergang dieses Landstrichs trugen Aktionen von Menschen bei; daher muss der Untergang von Rungholt und Umgebung später noch einmal aufgegriffen werden.

Ganz anders war die landschaftliche Situation südlich von Eiderstedt, in Dithmarschen und auch zwischen der Elb- und der Wesermündung. Das Geestkliff wird nur südlich von Cuxhaven von der Nordsee an der Altenwalder Geest erreicht. Andernorts liegen vor den Geestkliffs mehr oder weniger breite Marschengürtel, die in den letzten Jahrtausenden angewachsen sind und nicht mehr überflutet werden. Solche Kliffs bezeichnet man als «fossil». Das Kliff von Kleve in Dithmarschen gehört dazu.

Durch die Marschen verlaufen küstenparallele Strandwälle oder Nehrungen, an denen sich ablaufende und auflaufende Strömungen trafen, erlahmten und Sedimentfrachten hinterließen. Diese Strandwälle sind ebenfalls fossil und werden aktuell nicht mehr weiter geformt. In Dithmarschen bezeichnet man sie als Donns. Der Name könnte von den Dünen herrühren, die der Wind auf ihnen aufwarf. Oder er könnte etwas mit dem Wort «Zaun» zu tun haben, denn die Donns grenzen das Hinterland der Marsch zum Meer hin ab. Einige Ortsnamen nehmen darauf Bezug, dass man auf dem trockenen Sand siedelte, Hochdonn und Sankt Michaelisdonn etwa, wohl auch Lunden. Seit vielen Jahrhunderten liegen fast alle Siedlungen auf dem trockenen und sicheren Sand der Donns, so auch südlich der Elbmündung und des erhaltenen Geestkliffs der Altenwalder Geest. Die Siedlungen im Land Wursten, einem Marschengebiet, gründete man auf sicheren Siedelplätzen der Strandwälle. Auch Verkehrswege verlaufen auf den alten Strandwällen.

Eine weitere Nehrung lässt sich auf der Halbinsel Eiderstedt erkennen, die heute sozusagen deren Rückgrat bildet.[13] Auch dort befinden sich die wichtigen alten Orte mit einer Endung auf «-ing» etwas erhöht über der Marsch auf trockenem Sand: Tönning, Garding, Tating, Ording. Zu dieser Nehrung gibt es aber kein Geestkliff; alle anderen genannten Nehrungen liegen ein Stück weit vor dem Rand der Geest. Womöglich entstand die Eiderstedter Nehrung ursprünglich vor dem Kliff der nordfriesischen Geest, die in den letzten Jahrtausenden, vielleicht auch erst in den letzten Jahrhunderten im Meer versunken ist. Man vermutet überdies, dass die Eiderstedter Nehrung ursprünglich weiter nach Westen reichte, bis nach Helgoland. Es legt den Schluss nahe, dass nördlich davon noch von den eiszeitlichen Gletschern abgelagertes Gebiet lag. Das kann man nicht beweisen, lediglich vermuten. Am Meeresgrund lässt sich zwischen Eiderstedt und Helgoland ein flacher Sandrücken nachweisen.

Erstaunlich an den genannten Nehrungen zwischen Eiderstedt und der Wesermündung ist auch, dass sie als geschlossene Strandwälle gebildet wurden. Geschlossene Strandwälle gibt es heute aber nur in den Regionen des Wattenmeeres, die einen Tidenhub von maximal 150 cm aufweisen. Heute würden gerade in diesem Gebiet keine geschlossenen Nehrungen mehr gebildet werden können, weil der Tidenhub dort bei mehr als 300 cm liegt, wodurch nicht einmal die Bildung von Barriere-Inseln möglich wäre, sondern nur runde Platen entstehen könnten.

Wie dem auch sei: Man wird auf jeden Fall davon ausgehen müssen, dass noch vor einigen Jahrtausenden völlig andere Verhältnisse im Wattengebiet an der Nordsee herrschten. Das gilt sowohl für die lange Zeit als Geest existierende heutige Wattenmeerfläche und die Marschen in Nordfriesland als auch für das Gebiet südlich von Eiderstedt, wo die Geest schon früher weit zurückgewichen war und sich große Wattflächen bildeten, von denen große Gebiete als Salzwiesen und Marschen nutzbar waren.

Große Veränderungen könnten sich auch im Bereich der West- und Ostfriesischen Inseln abgespielt haben. Vor einigen Jahrtausenden mögen dort die ersten Barriere-Inseln und Platen entstanden sein, die weiter nördlich als die heutigen Inseln lagen. Sie sind keine stabilen Gebilde, sondern «wandern»: Lockeres Sandwatt wird an den meisten Inseln im Westen abgebaut, im Osten wird der Sand wieder abgelagert. Das liegt an den vorherrschenden west-östlichen Strömungen in diesem Gebiet, dem auch die Tidewelle im Gegenuhrzeigersinn folgt. Bei der Verlagerung von Sand aus dem Westen in den Osten der Barriere-Inseln fand aber auch eine allmähliche Verlagerung der Eilande von Nord nach Süd statt. Denn bei immer noch langsam steigendem Meeresspiegel verlagerten sich auch die Orte, an denen sich die zum Festland vorrückenden Tidewellen mit zurückweichenden trafen. Selbst noch in historischer Zeit, in den letzten Jahrhunderten, kam es zur Verlagerung der Inseln, was sich auf der Grundlage von Landkarten nachweisen lässt.[14]

Selbst die gegenwärtig zu beobachtende gegenseitige Beeinflussung von Sandwatt und Schlickwatt hat sich womöglich erst in den letzten Jahrtausenden eingestellt. Erst dann stieg der Meeresspiegel der Nordsee nicht mehr so stark wie in den Jahrtausenden zuvor, so dass sich Inseln und Rückseitenwatten in größerer Ruhe entwickeln konnten. Das Schlickwatt konnte sich nur im Schutz des Sandwatts großflächig bilden. Dann aber bestand auch größere Stabilität für die aus Sandablagerungen entstehenden Inseln. Besonders stark bedroht durch den Meeresspiegelanstieg waren weiterhin die Geestabbrüche mit ihren Geestkliffs. Ohne dass die Höhe des Wasserspiegels steigt, werden sie allein dadurch abgebaut, dass die Brandung immer wieder an den Fuß der Kliffs vordringt.

Natur und Kultur

Watt und Salzwiese sind weltweit einmalige natürliche Ökosysteme. Aber nicht nur das: Auch die Besiedlung und Bewirtschaftung dieser Gebiete sucht auf der ganzen Welt ihresgleichen. Einmalig ist nicht nur die Natur, sondern auch die Kultur des Wattenmeergebietes.

Im Gebiet der heutigen Nordsee lebten bereits vor Jahrtausenden Menschen; das belegen Funde von Archäologen auf der untergegangenen Doggerbank, dem «Doggerland». Sie weisen aber nicht auf die Existenz einer auf längere Zeit bestehenden Siedlung hin, vielmehr zogen nicht ortsfest lebende Jäger auf ihren Streifzügen über das Land, das sie weit überblicken konnten; denn zunächst wuchsen dort keine Bäume in einer tundrenähnlichen Landschaft. Später wurde sie von Wäldern bedeckt – genau wie alle anderen Küstenländer der Nordsee. In diesen Wäldern kamen vor allem Kiefern und Birken vor. Vor etwas mehr als 8000 Jahren ging Doggerland mitsamt seinen Wäldern in der Nordsee unter. Ausgelöst wurde der Untergang wohl durch das sogenannte Storegga-Ereignis, durch einen riesigen Erdrutsch an der norwegischen Küste, dem eine gewaltige Tsunami-Welle folgte. Aber auch ohne diese Katastrophe wäre Doggerland untergegangen, denn der Meeresspiegel stieg und stieg weiter.

Auf eiszeitlich abgelagertem Sediment, auf der Geest der Niederlande, Norddeutschlands und Dänemarks, war Ackerbau seit ungefähr 4000 vor Chr. möglich. Auch auf den Britischen Inseln und im südlichen Skandinavien setzte ungefähr um diese Zeit der erste Landbau ein. Die Geest gilt zwar als unfruchtbar, konnte aber mit den damals allein verfügbaren Bodenbaugeräten aus Stein, Knochen oder Holz bearbeitet werden. Die dort siedelnden Menschen müssen ihr Auskommen gefunden haben. Sie hatten genug Holz zum Bauen, zur Nahrungszubereitung und zum Heizen. Auf den Feldern konnten sie ausreichend Pflanzen anbauen, um von ihren Erträgen satt zu werden, und Tiere fanden ihr Futter in den lichter werdenden Wäldern. Lichter wurden sie, weil Holz eingeschlagen wurde und weil junge Triebe von Gehölzpflanzen vom Vieh verbissen wurden, so dass sie nicht zu hohen Bäumen heranwuchsen.

All das war für die Menschen von großer Wichtigkeit. Nach den europäischen Lössgebieten, wo Ackerbau schon rund ein Jahrtausend früher eingesetzt hatte, waren die Geestregionen, das südliche Skandinavien und die Britischen Inseln das zweite ausgedehnte Gebiet nördlich der Alpen, in dem Wälder gerodet und Felder angelegt wurden. Etliche der großen Steine, die von den Gletschern aus Skandinavien nach Süden verfrachtet worden und als Findlinge oder Erratische Blöcke auf der Geest liegen geblieben waren, wurden von den Menschen mit großem Aufwand zu Grabstätten zusammengetragen, zu sogenannten Megalithgräbern oder Großsteingräbern, die bis heute markante Geländemarken sind. Die Grabstätten sind monumentale Kunstwerke, aber es war auch eine Notwendigkeit, die Steine von den Geestflächen zu räumen, denn dort sollte Ackerbau betrieben werden.

Das Wattenmeergebiet unter Einschluss der Salzwiesen wurde erst Jahrtausende später besiedelt, und zwar etwa 700 Jahre vor Christi Geburt. Entscheidende Voraussetzungen für ein dauerhaftes Leben von Menschen waren dort nicht gegeben. Es ist dort zwar Fisch und anderes Meeresgetier als Nahrung verfügbar, auch Algen könnten zur Ernährung beitragen – wie beispielsweise in Ostasien. Aber mit Salzwasser kann man seinen Durst nicht stillen. Menschen und Tiere brauchen Süßwasser zum Trinken. Es gibt keinen oder nicht genügend Brennstoff und Baumaterial. Denn kein in den gemäßigten Zonen der Erde vorkommender Baum wächst in einem Gelände, das immer wieder einmal von Salzwasser überflutet wird. Und sowohl Menschen als auch ihr Vieh müssen vor Überflutung sicher leben können.

Vor einigen Jahrtausenden hatten sich wohl recht ruhige Verhältnisse im Wattenmeer eingestellt, die etwa so ausgesehen haben könnten: Es gab wenige hohe Fluten oder gar Sturmfluten, die Land zerstörten. Inseln oder Nehrungen aus Sand hatten sich schützend vor Watt und Salzwiesen gelegt. Vor allem im Mündungsgebiet von Weser, Elbe und Eider gab es Strandwälle, zum Teil als Donns bezeichnet, die fossil geworden waren, also nicht mehr die Zone markierten, an denen sich auflaufende und ablaufende Wassermengen trafen. Das Land wurde aber noch gelegentlich von Salzwasser überflutet. Watt und Salzwiese konnten dank der ruhigen Sedimentationsbedingungen weiter in die Höhe wachsen.

Salzwiesen sind trotz der Probleme, die bei einer Besiedlung zu überwinden sind, ein attraktiver Wirtschaftsraum. Es gibt dort nämlich – für Mitteleuropa einmalig – Flächen, auf denen Vieh ganzjährig zur Weide geschickt werden kann, ohne dass man zuvor Wald roden muss. Es wuchsen dort keine Bäume, weil es zu Salzwasserüberflutungen kam, aber fast das ganze Jahr über Gras und Kräuter, weil es im wintermilden Klima fast nie Frost gab. Aber wie kamen die Menschen, die ihr Vieh auf der Salzwiese weiden ließen, mit den dort auftretenden Problemen zurecht, mit dem Süßwasser- und Holzmangel? Wie schützten sie sich und ihr Vieh vor doch hin und wieder drohenden Überflutungen?

Die ersten Siedlungen in den Salzwiesen entstanden auf leicht erhöhten Strandwällen. Dort konnte man offensichtlich eine Weile zu ebener Erde siedeln, wenn es gelang, genug Regenwasser aufzufangen, ohne dass es durch Salzwasser verunreinigt wurde. Die Menschen legten spezielle Zisternen an, die man Fething oder auch Sodbrunnen nannte. Außerdem brauchte man eine Einbindung in ein Handelsnetz: Holz zum Hausbau, zum Kochen und Heizen musste von der Geest beschafft werden. Auch bezog man sicher Korn von der Geest; die Siedlungen waren ja vor allem von salzhaltigen Orten umgeben, auf denen kein Korn oder zu wenig davon wuchs, um die gesamte Bevölkerung der Siedlung satt zu bekommen.

In der Zeit um Christi Geburt, mutmaßlich auch unter dem Einfluss der Römer, entwickelte sich ein Handelsnetz im Wattenmeer.

Das ist durch zahlreiche Importfunde aus dem römischen Gebiet belegt. Sicher gehörten auch Holz und Korn zu den Handelsgütern im Wattengebiet. Funktionieren konnte der Handel aber nur dann, wenn auch von den Siedlungen im Wattenbereich Güter in den wirtschaftlichen Austausch gegeben wurden. Dafür kamen vor allem Fisch, Felle (etwa von Robben und Seehunden), Wolle und eventuell Milchprodukte (Käse) in Frage.

Die Handeltreibenden nutzten kleine Boote, mit denen sie die Siedlungen erreichen konnten, wenn sie die Priele befuhren. Die Priele reichten im Idealfall bis an die Geestkante heran, von der Bäche herabrannen, die die Priele mit Süßwasser speisten. An der Geestkante gab es ein Gestade, auf das man Boote ziehen konnte, um Waren umzuschlagen. Auffällig ist, dass viele Orte am Geestrand einen Namen haben, der auf «-stedt» oder «-stede» endet. Damit könnte die Lage am Gestade umschrieben sein. Die Strömungen der Bäche wurden vom Ebbstrom aufgenommen; durch das besonders bei Ebbe fließende Wasser wurden die Priele von Sediment freigehalten und waren daher für kleine Boote befahrbar. Zu Zeiten der Flut herrschten ruhigere Strömungsbedingungen, die zur Sedimentation führten.

Die Strömungen Flut und Ebbe konnten von den Händlern genutzt werden, indem sie ihre Boote mit der Fließrichtung des Wassers zu den Siedlungen treiben ließen. Nicht nur an der Geestkante, sondern auch am Rand der Siedlungen konnten sie die kleinen und leichten Fahrzeuge in höheres Gelände ziehen und entladen, anschließend erneut beladen und dann mit der nächsten ablaufenden Tide wieder hinaus ins tiefere Wasser des Meeres gelangen.

Nur in einer kurzen Phase konnte man einigermaßen sicher zu ebener Erde siedeln. Dann bemerkte man wohl, dass dies riskant war, weil Überflutungen drohten. Aus Abfällen aller Art entstanden allmählich kleine künstliche Hügel. Diese kleinen Erhebungen gibt es bis heute. Sie werden in Nordfriesland Warft oder Warf genannt, südlich davon Wort oder Wurt (siehe Tafel 8). In den Niederlanden bezeichnet man einen solchen Wohnhügel als Terp. Bei den in Deutschland gebräuchlichen Bezeichnungen wird zum Ausdruck gebracht, dass die Hügel künstlich «aufgeworfen» wurden. «Wort» und «Wurt» könnten aber auch mit dem Begriff «Werder» oder «Wörth» verwandt sein, mit denen Inseln in Binnengewässern bezeichnet sind.

Durch den Bau von Wurten versuchte man, die Bewohner der Hügel und ihr Vieh bestmöglich vor dem Ertrinken bei hohen Wasserständen zu bewahren. Genauso überlebenswichtig war es zu verhindern, dass Salzwasser in den Sodbrunnen eindringen konnte. Bis heute ist der Fething der zentrale und höchste Punkt jeder Warft, die inmitten einer Hallig liegt. So nennt man die kleinen Inseln, deren niedrig gelegenes Gelände vom Meerwasser überspült werden kann. «Hal» bedeutet Salz; der Begriff taucht auch in dem Wort «Heller» auf, das alternativ zu «Groden» oder «Salzwiese» verwendet wird.

Mit Booten importierte und exportierte man Waren. Das zeigt sich zum Beispiel in den Kirchen, die man seit dem Mittelalter auch auf Wurten errichtete. Man brauchte dort Taufsteine. Material für sie gab es im Schlickwatt und in der Marsch nicht, deren Böden ja aus sehr feinem Material bestehen. Die Taufsteine wurden oft aus weiter Ferne an die Nordsee gebracht, aus der Eifel oder aus Bentheim, wo ein sehr begehrter Sandstein abgebaut wurde. Der Taufstein in der Kirche von Westerhever auf Eiderstedt stammt aus Höör in Südschweden.[15]

Mit der Zeit wurden die Wurten immer höher, und zwar wohl unter zwei Einflüssen: Einerseits fielen kontinuierlich Abfälle an, andererseits war es notwendig, die Landoberfläche zu erhöhen, um selbst bei leicht steigendem Meeresspiegel noch sicherer leben zu können. Auch das Vieh musste bei hohen Wasserständen in Watt und Salzwiese auf der Wurt Platz finden, und der Fething durfte nicht versalzt werden. Die Boote erreichten die Wurten immer noch, denn die Priele bestanden weiterhin. Man musste sie vielleicht gelegentlich beräumen und auf diese Weise befahrbar machen. Die auf Kiel gebauten Boote konnte man auf den Rand der Wurten ebenso wie auf den Rand der Geest ziehen und auf diese Weise ebenfalls vor hohen Fluten schützen.

Es gelang wohl auch, auf den Abhängen der Wurten oder in deren Nähe etwas Getreide anzubauen. Udelgard Körber-Grohne, die später meine Doktormutter wurde, hat sehr detailliert die Pflanzenreste untersucht, die bei der jahrelangen Ausgrabung der Wurt Feddersen Wierde im Land Wursten nördlich von Bremerhaven gefunden wurden. Ich erinnere mich, dass sie mir stundenlang auf einer langen Reise zu einer Tagung im Zug davon erzählte. Vor allem Gerste kam für einen Anbau in der unbedeichten Marsch in Frage, weil sie geringe Salzgehalte im Boden ertragen kann und eine kurze Entwicklungszeit von der Aussaat bis zur Ernte besitzt. Man konnte hoffen, dass man in der Sommerzeit Gerste, auch vielleicht Emmer, eine mit dem Weizen verwandte Getreideart, und in späteren Zeiten Hafer reifen lassen konnte. Man baute weitere Kulturpflanzen an, die ebenfalls wenig empfindlich gegenüber gelegentlicher Versalzung des Bodens sind: Lein, aus dem man Öl und Textilfasern gewinnen konnte, die Ölpflanze Leindotter und die eiweißreiche Hülsenfrucht Dicke Bohne. In den Pflanzenproben aus der Feddersen Wierde waren auch zahlreiche Überreste der Färbepflanze Waid enthalten.[16] Im Sommer gab es seltener hohe Fluten als im Winter, und vielleicht schaffte man es, die Pflanzen vor dem ersten Herbststurm mit hoch auflaufenden Fluten geerntet zu bekommen.[17]

Immer wieder mag es Probleme mit der Qualität des Wassers auf der Wurt gegeben haben. Es wurde nicht nur durch Salz verunreinigt, sondern sicher auch durch die Tiere. Man musste das Wasser wohl immer abkochen, um es einigermaßen sauber zu bekommen. Kochendes Wasser konnte man später auch zum Aufbrühen von Tee verwenden. Der später so beliebt gewordene Ostfriesentee wurde ursprünglich wohl deswegen so populär, weil man das Wasser ohnehin abkochen musste. Nicht nur in Ostfriesland schätzte man heißen Tee, sondern auch in anderen Regionen rings um das Wattenmeer, wo die gleichen Probleme mit der Wasserqualität wie in Ostfriesland herrschten.[18]

Das Leben auf einer Warft faszinierte mich als Kind. Ich besuchte das Nordfriesland-Museum im Nissenhaus in Husum. Der eindrucksvolle Backsteinbau wurde nach dem Tod des Stifters Ludwig Nissen und dessen Ehefrau errichtet. Nissen war in die USA ausgewandert und hatte mit dem Handel von Diamanten in New York eine enorme

Menge Geld verdient. Das Ehepaar stiftete sein Vermögen und seine Sammlungen der Stadt Husum, die daraus ein Museum machte. Dort werden zahlreiche Kunstschätze aufbewahrt. Mich interessierten aber vor allem die Siedlungsmodelle von Warften auf den Halligen, die ich später aus Holz nachbaute. Mit der Laubsäge sägte ich die Hauswände aus. Die Wände wurden mit Deckfarben angemalt, natürlich rotbraun, in der Farbe der Ziegel. Die Dächer deckte ich mit Bast, damit sie so aussehen sollten wie Reetdächer. Schilf und verschiedene andere grasartige Pflanzen, die in der Salzwiese oder am Rand der Priele wuchsen, waren ja die gegebenen Lieferanten für Material zum Dachdecken der Hallighäuser.

Erst als Erwachsener kam ich in die Welt der Halligen, übernachtete auch dort. Sehr beeindruckt hat mich ein über achtzigjähriger alleinstehender Halligbauer auf Langeneß, bei dem ich ein Zimmer bezog. Er bewohnte nur ein Zimmer seines Hauses, in dem sein Bett stand und ein besonders wichtiger Besitz: Holz zum Heizen. Die anderen Zimmer vermietete er. Im Sommer mähte er immer wieder das Gras in der Umgebung seines Hauses und sammelte es auf Haufen. Eigenes Vieh hatte er aber schon lange nicht mehr. Er mähte das Gras, weil man das immer so machte. Sein altes Haus hatte er an das Freilichtmuseum in Molfsee bei Kiel verkauft.[19] Als Ersatz hatte man ihm ein modernes Gebäude an die Stelle gesetzt, an der er bereits seine Kindheit verbracht hatte. Seine Ära als Halligbauer war aber eigentlich zu Ende gegangen. Er lebte dort nur noch als ein Relikt einer untergegangenen Welt.

Heute unterstützt man die Menschen, die noch bereit sind, auf einer Hallig zu leben. Das ist wichtig: Die meisten von ihnen arbeiten für den Küstenschutz, befestigen Land, räumen Priele frei und markieren sie mit Pricken, besonderen Seezeichen: langen Stangen, an denen Reisigbündel befestigt sind. Sie haben große Bedeutung, wenn die Hallig unter Wasser steht und der Verlauf der Priele nicht mehr erkennbar ist – es sei denn, sie sind eigens bezeichnet.

Wenn Halligen geschützt werden, wirken sich Sturmfluten weniger verheerend auf das Festland aus. Wellen werden durch Halligen mit ihrem Bewuchs abgebremst. In die Halligháuser baute man stabile Pfeiler ein, um zu verhindern, dass die Häuser bei hohen Wasserständen («Landunter») zusammenstürzen. Im gut gesicherten ersten Stock ihrer Häuser können sich die Bewohner bei Hochwasser in Sicherheit bringen. Trinkwasser kommt inzwischen vom Festland. Auch die Versorgung mit Lebensmitteln ist heute gut gesichert. Aber viele Schwierigkeiten müssen von den Bewohnern der Halligen gelöst werden, die nicht nur deren Versorgung und deren Sicherheit betreffen. Nach den gültigen Gesetzen ist es notwendig, dass Kinder von der ersten bis zur zehnten Klasse in der Nähe ihrer Elternhäuser eine Schule besuchen können. Es gibt Halligschulen, in denen nur ein einziges Kind unterrichtet wird. Und wenn dieses Mädchen oder der Junge das Abschlusszeugnis der zehnten Klasse hat, kann der Schulbesuch nur in einem Internat auf dem Festland fortgesetzt werden. Auch die Lehrkraft wird versetzt, wenn kein Kind mehr die Halligschule besucht. Vielleicht besteht in einer anderen Zwergschule auf einer anderen Hallig Bedarf, wenn dort ein Kind eingeschult wird.

Weltweit leben nur am Wattenmeer der Nordsee Menschen auf Warften, künstlichen Hügeln inmitten der Halligen. Eine weitere Besonderheit ist, die es auf der ganzen Welt nur dort gibt, ist, dass sie noch immer bäuerlich wirtschaften. Sie halten Vieh auf den Salzwiesen und nehmen im Sommer sogar Pensionsvieh vom Festland auf, das einige Monate lang auf die sehr guten Weiden der Halligen geschickt wird. Kleinflächig wurde dort sogar Getreide angebaut. Und diese Tradition besteht bereits seit zwei Jahrtausenden! Voraussetzung dafür war allerdings, dass ein Handelsnetz bestand. Zwischen der Eisenzeit um Christi Geburt und in den Jahrhunderten danach, als die Römer in der Nähe siedelten, und dem frühen Mittelalter brach das Handelsnetz völlig oder beinahe vollständig zusammen. Die meisten Wurten wurden verlassen. Aber als Handel durch administrative Organisation wieder möglich wurde, wurden auch die Warften erneut besiedelt.

Es gibt weitere traditionell lebende Bevölkerungsgruppen, die an flachen Küstensäumen leben, beispielsweise verschiedene indigene Gruppen in Südostasien und auf den Inseln des Fernen Ostens. Viele von ihnen sind aber nicht sesshaft, sie sind keine Bauern und leben auf Booten. Andere errichten Pfahlbauten im flachen Wasser, in denen sie wenigstens einige Monate im Jahr ortsfest leben. Man bezeichnet sie als «Bajau», «Bajau-Laut» oder «Moken» – und es gibt weitere Namen für sie: Dies sind Sammelbezeichnungen für eine Vielzahl an Ethnien. Ihr Lebensraum und ihre Lebensweise an der Küste von Inseln, auf Korallenriffen und in Mangroven ist faszinierend. Viele dieser Menschen sind in der Lage, sehr lange Tauchgänge zu unternehmen und unter Wasser besonders gut zu sehen. Sie leben von Fischerei, und sie tauchen viele Meter tief, um weitere Meerestiere zu erbeuten. Ihre Lebenswelt ist einzigartig, genauso wie die Welt der Halligen im Wattenmeer – und kaum mit dem Leben im Watt an der Nordsee vergleichbar.

Deichbau

Die einmalige Kulturgeschichte am Wattenmeer der Nordsee fand ihre Fortsetzung mit dem Deichbau. Früheste Deichanlagen waren schon in antiker Zeit am Mittelmeer entstanden. Dämme, die als Befestigungsanlagen der Kelten gedeutet wurden, könnten auch den Zweck gehabt haben, vor Hochwasser zu schützen: etwa in Manching an der Donau und der Paar bei Ingolstadt oder in Tarodunum bei Freiburg, wo zwei Gewässer aus dem Schwarzwald zu Tal rinnen, die nach Starkregen und zur Zeit der Schneeschmelze zu Sturzbächen anschwellen können. Im Rheinmündungsgebiet entstanden erste kleine Ringdeiche in römischer Zeit. Sie konnten Siedlungen, Feldfluren und Viehweiden vor Hochwasser schützen. Auch andernorts an der Nordsee wurden zunächst Ringdeiche errichtet, aus denen dann im hohen Mittelalter der gesamte sogenannte «Ring» der friesischen Deiche entlang der Nordseeküste wurde.

Wie dies genau geschah, ist überraschenderweise nicht bekannt. Dabei muss der Deichbau entlang der Nordseeküste zwischen dem Rheinmündungsgebiet und Jütland ein gewaltiges Infrastrukturprojekt gewesen sein. Der gesamte Deich muss innerhalb recht kurzer Zeit nach einheitlichen Vorgaben entstanden sein, denn wenn eine Flut hoch auflief und auch nur ein kleines Stück des Deiches noch nicht geschlossen gewesen wäre, hätte sich eine sehr große Menge an Wasser gerade in diese Deichlücke hinein ergossen. Eine immense Überflutung, ein immenser Schaden wäre die Folge gewesen. Der Deichbau musste also koordiniert worden sein. Aber wie? Es gibt keine Dokumente dazu, aber es ist schwer vorstellbar, dass eine Art von Mundpropaganda alle Menschen auf einige hundert Kilometer Küstenlänge zur Erfüllung des gleichen Ziels brachte. In der Zeit um das Jahr 1300 war jedenfalls der «Goldene Ring» der Deiche an der Nordsee geschlossen. Nach einer weiteren Vorstellung sollen es «Holländer» oder «Holler» gewesen sein, die den Deichbau anleiteten. Dafür spricht, dass in dem Land, das an das westliche Wattenmeer grenzte, besonders viel Erfahrung bei der Aufgabe bestand, dem Meer neues Land abzuringen. Aber kamen die «Holländer» tatsächlich alle aus dem Gebiet, das wir heute Holland oder Niederlande nennen? Oder waren sie diejenigen Menschen, die im niedrig gelegenen Land oder im «Hol(e)» lebten, in einem Gebiet, das mit einem verwandten Wort im Englischen mit «hole» oder «Loch» bezeichnet wurde? Vielleicht spielte beides eine Rolle. Aber auch über die Menschen, die den Deichbau leisteten, wissen wir leider nur sehr wenig.

Das Baumaterial für die Deiche stammte meist aus dem Land davor, dem «Vorland». Es bestand also aus dem Schlick des Watts, feinkörnigem Ton, der durch Algenschleim verklebt war. Es handelte sich um sehr bindiges Material, den schweren Marschenklei, der mit dem Spaten in sehr mühsamer Arbeit ausgegraben wurde und mit Wagen, die Schubkarren ähnelten, zur Deichbaustelle gefahren wurde.

Die ersten Deiche waren sogenannte Kabeldeiche; der Begriff «Kabel» geht auf das lateinische Wort «copulare» zurück: Kleine Deichstücke, für deren Bau und Unterhalt jeder Landbesitzer zuständig war, wurden zusammengesetzt, so dass eine gesamte Deichlinie entstand. Dabei galt das bekannte Spatenrecht nach dem Grundsatz: «Wer nicht will deichen, der muss weichen.» Wer sich also weigerte, den Unterhalt des Deiches fortzuführen, musste sein Land hinter dem Deich aufgeben und verlassen. Jemand anderes trat dann in seine Fußstapfen. Die zentrale Staatsgewalt, in Ostfriesland auch die mächtigen Landstände, setzten sich aber für eine andere Form der Deichunterhaltung ein: Sie war einer größeren Gemeinschaft unterstellt und ließ sich so effizienter organisieren.

Eingedeicht wurde zunächst Land, in dem es schon zuvor Wurten oder Warften gegeben hatte. Viele Siedlungen behielten, obwohl sie von Deichen eingefasst wurden, ihre Lage auf den künstlichen Wohnhügeln bei. Das mag mehrere Gründe gehabt haben: Deiche können brechen, daher bot die Siedlungslage auf einer Wurt einen zusätzlichen Schutz. Und auch das niedrig gelegene eingedeichte Land blieb ja feucht. Je weiter also die eigene Wohnstätte aus der feuchten Niederung herausgehoben wurde, desto besser. Kirchen baute man in vielen Orten auf einen Platz, den man noch weiter erhöht hatte. Die Kirche konnte daher als ein wichtiger Schutzraum bei Überflutung dienen, denn sie ragte auch dann noch aus dem Wasser, wenn die Höfe in ihrer Umgebung bereits überflutet waren. In der Umgebung der Kirche konnte man Grabstätten in möglichst trockener Umgebung ausheben, so dass die sterblichen Überreste der Leichen durch Mikroorganismen zersetzt wurden, die Sauerstoff benötigen; in dauernd feuchtem Boden hätte er gefehlt, und die Leichen wären überhaupt nicht oder nur unzureichend zersetzt worden.

Man muss sich fragen, ob der Deichbau tatsächlich einen Zuwachs an Sicherheit für die Bewohner der Marschen brachte. Als es ausschließlich Wurten gab, konnte sich das Wasser einer Flut großflächig auf dem gesamten Land vor dem Geestkliff verteilen. Es lief nur wenige Dezimeter weit auf und verschwand mit der nächsten Ebbe wieder. Nun staute sich das Wasser bei einer hohen Flut vor dem Deich und fiel höher aus als im unbedeichten Land. Unter dem Einfluss der hoch anbrandenden Wellen konnten Deiche brechen; anschließend ergoss sich Wasser an einzelnen Orten mit gewaltiger Kraft ins Land hinter dem Deich. Die Flutwelle lief dann in gewissen Kögen meterhoch auf, die Zerstörungen waren erheblich größer als in den Zeiten zuvor, und viele Menschen, die auf Wurten im unbedeichten Land genügend geschützt gewesen wären, kamen in den Fluten um.

Vielleicht hatte man tatsächlich die Absicht, das Land, seine Bewohner und das Vieh vor den Sturmfluten zu schützen. Womöglich ging es aber in erster Linie um etwas ganz anderes: Nur im eingedeichten Land konnte man nämlich großflächig Getreide und andere Kulturpflanzen anbauen, die gegenüber Meersalz empfindlich waren. Und dies war nun tatsächlich mit ungeahntem Erfolg möglich. Das leicht lösliche Kochsalz wurde aus den einmal eingedeichten Flächen rasch ausgewaschen. Andere Mineralsalze hingegen blieben zurück, so dass die Felder, die man dann anlegen konnte, optimal mit Mineralstoffen versehen waren – und dies ganz ohne Düngung. Im Meer gab es nämlich genügend Kalium, Magnesium, Nitrate und Phosphate, die man den Feldern so nicht erst zuleiten musste, da sie alle in den ehemaligen Meeresablagerungen vorhanden waren. Das ist eine Ursache dafür, dass Algenrasen im Schlickwatt die produktivsten Ökosysteme der Welt sind; und es ist der Grund dafür, dass in den eingedeichten Marschen sehr hohe landwirtschaftliche Erträge erzielt werden konnten und noch immer können. Pflanzen benötigen Kalium für die optimale Aufnahme und Verteilung von Wasser innerhalb ihrer Vegetationskörper. Magnesium ist das unbedingt erforderliche Zentralatom als Bestandteil von Chlorophyll. Nitrate sind notwendig für den Aufbau von Stickstoff enthaltenden Substanzen, von Aminosäuren als Baustoffen von Eiweiß, von Nukleinsäuren als Bausteinen der Erbsubstanz DNA und von Chlorophyll. Phosphor aus den Phosphaten ist ebenfalls in der DNA und in Substanzen enthalten, mit denen Energie im Organismus übertragen wird. Alle diese Stoffe gab es im Boden der Köge in Hülle und Fülle: Die Kornerträge in den eingedeichten Flächen waren bereits im Mittelalter so hoch wie kaum an einem anderen Ort. Die Bauern im eingedeichten Land konnten sich mit den angebauten Kulturpflanzen nicht nur selbst ernähren, sondern sie konnten große Mengen an Agrarprodukten verkaufen, so dass Städte in der Umgebung der Marschen genügend Nahrungsmittel für ihre stark wachsende Bevölkerung erhielten. Und die Marschbauern kamen zu einem ungeahnten Reichtum.

Allerdings entwickelten sich neue Probleme. Das Land musste nun dauerhaft entwässert werden; Süßwasser, das mit dem Regen auf das Land fiel und das von der Geest in die nun eingedeichten Marschen strömte, musste dauerhaft abgeleitet werden. Es wurde in Gräben gesammelt, die in sogenannte Wettern, große Sammelkanäle, geleitet wurden, die schließlich zum Deich führten. In die Deiche baute man Siele ein. Ein Siel funktioniert nach einem sehr einfachen Prinzip, das bis heute angewendet wird: Bei Ebbe steht es offen, um Wasser aus dem Koog abzuleiten, von hohen Wasserständen wird es aber zugedrückt, so dass das Land hinter dem Deich nicht überflutet wird.

Die ältesten Siele waren wohl sogenannte Kumpsiele, die man schon wenige Jahrhunderte nach Christi Geburt baute: In den Deich wurden ausgehöhlte Baumstämme eingesetzt mit einer Klappe, die sich bei Niedrigwasser öffnete und bei hohem Wasserstand verschlossen wurde. Später errichtete man zweiflügelige Tore im Deich, die vom abfließenden Wasser aus dem Polder offen gehalten wurden. Vom Meer her anbrandendes Wasser drückte dagegen die Tore zu. Solche Ständersiele erwiesen sich als erheblich leistungsfähiger. Durch sie konnten auch kleine Boote in den Polder eingelassen werden, die die landwirtschaftlichen Betriebe auf den Warften erreichten.

Die Schwierigkeiten bei der Dränage der Polder oder Köge nahmen im Lauf der Zeit allerdings zu. Dabei hatte das Abtrocknen der Böden ein weiteres Problem zur Folge. Sobald nämlich Sauerstoff Zutritt zu den ehemaligen Wattböden hatte, konnten dort Organismen leben, die Humusstoffe abbauen. Je weniger Wasser in den Böden vorhanden war, desto mehr sackten sie in sich zusammen, und die Oberflächen der Köge erniedrigten sich. Dann floss weniger Wasser durch die Siele ab, und die Gefahr von Überflutungen stieg an, denn die Landoberflächen lagen schließlich niedriger als der Meeresspiegel. Je stärker die Landoberfläche sackte, desto mehr Wasser sammelte sich im Polder. Die Dränage durch das Siel, das sich bei niedrigen Wasserständen des Meeres öffnete, reichte nicht mehr aus.

Die technische Lösung bestand im Bau von Poldermühlen, die entweder Schöpfräder oder später Archimedische Schrauben antrieben. Mit jeder dieser Mühlen konnte Wasser rund einen knappen Meter in die Höhe gehoben werden. Voraussetzung war natürlich, dass genug Wind wehte, um die Mühlenflügel in Bewegung zu setzen. Solche Mühlen gab es wohl seit dem 13. Jahrhundert, also seit der Zeit, in der der Goldene Ring der Deiche geschlossen wurde. Die älteste Urkunde über eine Poldermühle wurde in der Umgebung der heute in Belgien gelegenen Stadt Gent 1316 verfasst. Die älteste noch in Betrieb befindliche Poldermühle auf dem heutigen Staatsgebiet der

Niederlande stammt aus dem Jahr 1407 und steht in der Nähe von Alkmaar, wo schon lange besondere Schwierigkeiten bei der Landentwässerung auftraten. Poldermühlen wurden vorzugsweise an den Mündungen von Gräben in die Wettern errichtet, deren Wasserstand um einen Meter höher liegen kann als die Oberfläche des Kooges und der Gräben, die ihn entwässern.

Oft wurde es notwendig, mehrere Poldermühlen zu einer «Mühlentreppe» zu kombinieren: Jede Mühle hob das Wasser um einen weiteren Meter. Die Landoberfläche sackte derweil immer weiter ab: Auf diese Art und Weise kam es zur Bildung von Depressionen des Landes, dessen Oberfläche schließlich mehrere Meter unterhalb des Meeresspiegels lag. Mehr als ein Viertel der Fläche der Niederlande befindet sich heute unterhalb des mittleren Meeresspiegels. Auch in deutschen Marschen gibt es Land-Depressionen: Die tiefste Landstelle in Deutschland bei Neuendorf in der Gemeinde Neuendorf-Sachsenbande im schleswig-holsteinischen Kreis Steinburg befindet sich 3,54 m unter dem Meeresspiegel.

Nach dem Bau eines Deiches wurde Sediment natürlich nur noch im Vorland deponiert. Nur dort sonderten Algen Schleim ab, der die Sedimentkörner festhielt und miteinander verklebte. Das Vorland, der Groden, wuchs weiter in die Höhe; das eingedeichte Land sackte dagegen immer weiter in sich zusammen. Die Neulandbildung im Außendeichsland ließ sich fördern, indem man Grüppen anlegte, Gräben, die vom Deich zum Meer geführt wurden. In ihnen wurde Wasser abgeleitet, aber es wurden dort auch besonders viele Algen und feinkörnige Sedimente abgelagert. Von Zeit zu Zeit räumte man die Gräben und warf den Aushub auf die dazwischenliegenden Landrücken, die man auch Beete nannte. Dort erhöhte man also die Landoberfläche. In den Gräben setzte sich immer wieder neues Sediment ab. Nach einiger Zeit konnte man den Ausräumungsvorgang der Gräben wiederholen, so dass die Landoberflächen zwischen den Gräben noch höher wurden. Schließlich hielt man das Vorland für «deichreif» und zog einen neuen Damm um einen Abschnitt davon. Dort entstand nun ein neuer Koog, der vor den alten gesetzt worden war. Der neue Koog hatte eine höher gelegene Landoberfläche, weil in ihm das Land noch nicht zusammengesackt war.

Auf diese Weise wurde über Jahrhunderte ein Koog nach dem anderen geschaffen. Der jüngste Koog hatte jeweils die am höchsten gelegene Landoberfläche. Die Tendenz aus der natürlichen Neulandentstehung verstärkte sich: Die junge Marsch hat genauso wie das Hochland dichter am Meer eine höher gelegene Oberfläche als die alte Marsch, das Sietland, im Hinterland, die bereits stärker in sich zusammengesackt ist. Es ist besonders kompliziert, das Sietland zu entwässern. Mit dem Alter der Marsch änderte sich die Art der Landnutzung. Auf dem jungen Hochland baute man mit sehr großem Erfolg Korn an und erzielte bereits im Mittelalter sehr hohe Erträge. Das feuchte Sietland ließ sich dagegen allenfalls noch als Weideland nutzen. Nicht einmal eine Nutzung als Wiese kam in Frage, weil man das Mähgut auf dem feuchten Untergrund nicht trocken bekam. Man musste immer neue Gräben ziehen und die Dränage der Köge immer weiter verstärken, aber oft ging der Wettlauf mit der Zersetzung organischer Substanz und dem Anstieg des Wasserspiegels verloren.

Die Deiche wurden zu künstlichen Grenzen zwischen den «Welten» mit und ohne Einfluss des Meeres oder des Meerwassers, die «Welt» des Süßwassers und die «Welt» des Salzwassers. Vor und hinter dem Deich kommen andere Lebewesen vor. Die Deichlinien lassen sich auf Landkarten einzeichnen, und diese Grenzen haben wirklich eine Bedeutung.

Sturmfluten und brechende Deiche

Nicht nur das Wattenmeer ist weltweit einmalig, sondern auch die Landbewirtschaftung und -gewinnung, die zuerst von Wurten ausging und dann im eingedeichten Land fortgesetzt wurde. Diese doppelte Einmaligkeit ist stets mitzubedenken. Es kann nicht ausschließlich um die Bewahrung der Welt des Meeres gehen oder um die Bewahrung von Spuren der Kultivierung und auch nicht nur um die Gewinnung neuer Flächen für Wohnungen, Industrie und Landwirtschaft. Schwer miteinander in Einklang zu bringende Erfordernisse müssen allesamt Berücksichtigung finden. Die Niederlande haben dies auf der EXPO 2000 in Hannover durch einen besonderen Pavillon verdeutlicht: Mehrere Stockwerke wurden übereinandergelegt, auf denen einander widersprechende Nutzungen gezeigt wurden, die eigentlich am selben Ort stattfinden könnten. Am Ende stand die Forderung, den Niederlanden mehr Platz einzuräumen; das ist aber nicht erfüllbar.

Der womöglich im letzten Kapitel vermittelte Eindruck, als sei Neulandgewinnung immer nur eine Einbahnstraße gewesen, ist selbstverständlich falsch: Das Land ist nicht ständig Koog um Koog, Polder um Polder größer geworden. Sondern es gab empfindliche Rückschläge, bei denen hohe Fluten und Deichbrüche Land zerstörten und die Meeresfläche anwachsen ließen. Manche Flächen konnten erneut eingedeicht werden, andere gingen, soweit wir das heute sagen können, auf immer verloren.

Seit dem Mittelalter wurden sehr verschiedene Flächen vom Meer verschlungen. Darunter waren lockere Geestflächen, die von eiszeitlichen Gletschern hinterlassen worden waren und von denen nun

Sediment abbrach. Der Name der untergegangenen Siedlung Rungholt im nordfriesischen Wattenmeer lässt vermuten, dass sie auf der Geest lag und nicht in der Marsch, wie immer wieder vermutet wird; denn «Holt» oder «Holz» konnte sich nur unter Land- oder Süßwasserbedingungen auf der Geest ausbilden. In der Marsch gab es keine Wälder. Später mag man versucht haben, die Bevölkerung durch den Bau von Warften und Deichen zu schützen. Auf der Geest oder auf einer Warft lag eine große Kirche, die man Rungholt zuordnet; man fand sie im Frühjahr 2023.[20]

In der Nähe der Geest lagen Geest- oder Marschrandmoore, die im Lauf der Zeit an Ausdehnung zunahmen. Denn es staute sich immer mehr Wasser vor Strandwällen, dem Hochland der jungen Marschen und Uferwällen von Dammflüssen und Prielen. Der Meeresspiegel stieg leicht an. Immer mehr Land wurde dabei immer feuchter und aus dem Hinterland überflutet. Organische Substanz konnte im dauernd feuchten Milieu nicht zersetzt werden. Wenn Meerwasser in die Moorgebiete eindrang, entstand Salztorf, bei dem Meersalz zwischen den Pflanzenresten eingelagert wurde. Aber auch Moore lagen nicht in der Marsch, sondern zwischen Marsch und Geest, am Übergang oder Rand der beiden Landschaftstypen.

Salz, Kochsalz oder Meersalz, war im Mittelalter außerordentlich begehrt und teuer. Verderbliche Lebensmittel wie Fisch und Fleisch, aber auch Obst wurden in Salz eingelegt. So verdarben sie wochenlang nicht; Vorratsschädlinge konnten im salzhaltigen Milieu nicht leben. Die wachsende Bevölkerung in den Städten musste mit genügenden Mengen an Lebensmitteln versorgt werden, und diese waren oft nur in großer Entfernung von den Städten aufzutreiben. Kühltransporte waren noch nicht möglich; es kam also nur der Transport in Salz in Frage. Daher wurde die Nachfrage nach Meer- und Steinsalz größer. Die Salzstädte, etwa Lüneburg, wurden mit dem «weißen Gold» reich. Die Meersalzgewinnung wurde zum Konkurrenzunternehmen zur Salzgewinnung im Binnenland. Man legte Salzgärten in Südeuropa an und begann, den Salztorf an der Nordsee abzubauen. Dazu stach man Torfsoden in den Niedermooren und verbrannte sie.

Die salzhaltige Asche wurde in Wasser gelöst und anschließend gesotten. Das völlig trockene Salz war dann ein beliebtes Handelsprodukt. Doch die Bodenoberfläche hatte sich wegen des Salztorfabbaus um Meterbeträge erniedrigt. Wenn dann bei einem Hochwasser die Deiche brachen, ergossen sich die Fluten mit großer Gewalt in die durch den Torfabbau entstandenen Beckenregionen. Manchmal blieben nur Straßendämme stehen, unter denen man den Torf nicht abbaute; die übrigen Flächen wurden schließlich vom Wasser bedeckt.

Auch Köge, die aus dem Watt hervorgegangen waren, wurden überflutet, wenn sie nur von niedrigen Deichen eingefasst waren, über die das Meerwasser sich bei hohen Wasserständen ergoss. Man kennt einige dieser Deiche, hat auch Siele oder Schleusen gefunden, die mit den Deichen untergegangen sind.

Die Deiche müssen ständig gepflegt werden, man muss Beschädigungen durch grabende Tiere, etwa Maulwürfe, durch Treibholz und Eisgang verhindern, immer wieder sind neue Befestigungen notwendig, die Grasnarbe muss gepflegt werden. Kleinste Beschädigungen müssen sofort ausgebessert werden. Sonst nimmt das Unglück seinen Lauf, und die Deiche brechen.

Beim Anbranden eines hohen Wasserstandes wird vor allem die sogenannte Luftseite des Deiches, die dem Land zugewandte Deichflanke, beschädigt, und zwar sowohl durch das Überströmen der Deichkrone als auch durch Sickerwasser, das den Deichkörper durchdringt. Das Baumaterial des Deiches wird aufgeweicht, und schließlich kann es zum Grundbruch kommen. Dann ergießt sich eine Masse an Wasser in den Koog, dessen Oberfläche oft mehrere Meter unter dem Wasserspiegel des Meeres liegt. Mit einsetzender Ebbe kommt es zu einer weiteren erheblichen Strömung: Der Wassersog hinaus ins offene Meer ist an der Deichbruchstelle am stärksten.

Im Wechsel der Gezeiten ist die Kraft sowohl des einströmenden als auch die des ausströmenden Wassers an der Deichbruchstelle besonders stark. Dadurch wird eine besonders tiefe Gewässerbahn in Form einer Scharte durch den Deich gerissen. Man kann gegen den Deichbruch kämpfen, wenn man die Gefahr sehr frühzeitig erkennt;

heute legt man dann Sandsäcke auf die Deichkrone und die Luftseite des Deiches. Aber wenn der Deich überströmt wird, und erst recht dann, wenn die Scharte im Deich einmal entstanden ist, ist keine Rettung für den Damm mehr möglich. Je tiefer gelegen das Land hinter dem Deich ist oder war, desto mehr Wasser strömte in den Polder und desto tiefer wurde auch die Scharte im Deich, die man als Wehle, Brack oder Kolk bezeichnet: Sie wurde rasch mehrere Meter tief, füllte sich mit Wasser und konnte vor allem in früheren Jahrhunderten nicht oder nur mit Mühe wieder geschlossen werden. Die Rettung des Kooges musste schnell erfolgen, bevor nämlich erneut bei einer hohen Flut Meerwasser in ihn eindrang. In fieberhafter Arbeit schuf man dann ein Deichstück als Einlagedeich landseitig um den Kolk herum, oder man entschloss sich, einen neuen Auslagedeich auf der Wasserseite zu bauen. Die tiefe Wehle konnte man nicht einfach zuschütten; dazu wäre zu viel Material notwendig gewesen. Die neuen Deichstücke bezeichnet man auch als Halbmonde, die nun eine Art von kleinem Teich umziehen, der die Stelle der Wehle bezeichnet. Etliche Deichbruchstellen sind bis heute deutlich sichtbar, möglicherweise Jahrhunderte nach ihrer Entstehung.

Fast alle Sturmfluten ereigneten sich bei Springflut, also entweder bei Vollmond oder Neumond, wenn der Wasserstand durch starken Weststurm erhöht war. Die Sturmflut wuchs nur dann zur Katastrophe an, wenn die Zeit des Hochwassers mit einer Sturmspitze zusammenfiel. Daher betrafen die meisten Sturmfluten nicht das gesamte Wattenmeer, sondern nur einen Teil davon.

Sturmfluten waren immense Katastrophen, die sich in das kollektive Bewusstsein vor allem der Küstenbewohner tief eingruben. Wahrscheinlich sind die überlieferten Opferzahlen der «groten Mandränken» aber übertrieben. Es ist kaum wahrscheinlich, dass Hunderttausende von Menschen in den Nordseefluten ertranken, weil gar nicht so viele Menschen im Küstenraum lebten. Man weiß nicht genau, wie hoch die Sturmfluten aufliefen, welche Landmassen sie vernichteten, welche Flächen davon Geest, Moor und eingedeichte Marsch waren. Aber die Daten der Sturmfluten seit dem Mittelalter sind bekannt, denn die Unglücksfälle wurden nach den Namenstagen des kirchlichen Kalenders benannt. Zu großen Katastrophen kam es offenbar erst nach den ersten Eindeichungen; möglicherweise waren die Menschen eher in der Lage, sich auf unbedeichten Halligen in Sicherheit zu bringen, wo auch nicht die Gefahr des Deichbruchs und des katastrophalen Wassereinbruchs drohte.

Die Julianenflut am Tag der heiligen Juliana von Nikomedia, dem 16. Februar 1164, und dem folgenden Tag war die erste historisch sicher überlieferte Flut an der Nordseeküste. Zur Ersten Marcellusflut kam es 1219, zur Zweiten Marcellusflut 1362, und zwar jeweils am 16. Januar. Die Flut vom 11. Oktober 1634 ging als Burchardiflut in die Chroniken ein. Vor allem waren wohl die Gegenden betroffen, in denen man Salztorf abgebaut hatte. Große Moorgebiete wurden komplett zerstört: Zuiderzee und Jadebusen wurden wohl aus diesem Grund zu weiten Meeresflächen. Bei der heutigen Hafenstadt Brake brach ein Flussarm der Weser zum Jadebusen durch; die danach entstandene Stadt bekam davon ihren Namen. Ebenso ging das Land zwischen den Inseln und Halligen in Nordfriesland rings um Rungholt zugrunde. Das Meer brach bis zur Geest beim Schobüller Berg durch; am Jadebusen wurde ebenfalls ein Geestkliff neu erreicht, und zwar bei Dangast. Auch weitere Buchten wurden in das Land gerissen, etwa der Dollart und die Hilgenrieder Bucht an der Emsmündung oder die Harlebucht nördlich von Jever. Weitere Zerstörungen brachte die Weihnachtsflut von 1717. In der Neujahrsnacht 1721 wurde Helgoland in zwei Teile gerissen: Die sogenannte Düne ist seitdem eine eigene Insel. Man hatte dort Kalk abgebaut, ein im Wattenmeer seltenes Baumaterial, und in der Gier der Rohstoffausbeutung nicht bemerkt, dass man damit die Insel in einen labilen Zustand überführte.

In jüngerer Zeit kam es dann zu noch viel gewaltigeren Sturmfluten, etwa im Februar 1825. 1953 ereignete sich vor allem im Rheinmündungsgebiet der Niederlande eine Flutkatastrophe, im Februar 1962 besonders in der Deutschen Bucht und in der Elbmündung. Danach wurden die Deiche erheblich verbessert. Es kam zwar zu noch höheren Wasserständen, aber die meisten Deiche hielten, und die

Schäden hielten sich in Grenzen. Der höchste je gemessene Wasserstand an der Nordseeküste trat am 3. Januar 1976 ein. Bei dieser Sturmflut wurden noch höhere Wasserstände als 1962 erreicht. Und die Fluten liefen auch im Orkan vom 24. und 25. November 1981 höher auf als bei der Katastrophe von 1962. Doch die inzwischen modernisierten Deiche hielten größtenteils stand.

Das Sturmflutereignis vom November 1981 habe ich selbst miterlebt. Ich arbeitete einige Wochen lang als Praktikant im damaligen Institut für Marschen- und Wurtenforschung, dem heutigen Niedersächsischen Landesinstitut für Historische Küstenforschung, in Wilhelmshaven. Von dort fuhr ich an den Deich des Jadebusens. Auf dem Deich konnte man sich im Orkan kaum aufrecht halten. Leichte Gegenstände, die ich mit mir trug und die ich nicht besonders festhielt, flogen davon. Die Wellen klatschten an den Deich, drückten das Siel zu, die im Hafen vertäuten Schiffe wurden zum Spielball der Orkanböen. Wie ein Lauffeuer verbreitete sich unter den Mitarbeitern des Instituts die Nachricht: Das vor dem Deich am Jadebusen gelegene Sehestedter Außendeichsmoor war – wie bei hohen Wasserständen üblich – auf den Fluten aufgeschwommen.

Eine neue Infrastruktur im Wattenmeer und in der Marsch

Nach den großen Sturmfluten des Mittelalters und der frühen Neuzeit dürften die Wattflächen an der Nordsee die größte Ausdehnung aller Zeiten besessen haben. Auch aus untergegangenem Geest- und Moorland war Watt geworden, das im Hin und Her der Gezeiten regelmäßig unter Wasser gesetzt wurde und daraus wieder auftauchte. Dann sah man die Überreste überfluteter Felder mit ihren Pflugspuren, Brunnen, Grundmauern von Häusern. Torfstiche wurden ebenfalls von Algenteppichen überzogen; das Watt eroberte also alles ehemalige Land mit von Ort zu Ort unterschiedlichen Erscheinungsbildern.

Rings um das größer gewordene Wattenmeer musste unmittelbar eine neue Infrastruktur entstehen. Dort, wo ehemals Land gewesen war, fuhr man nun mit Booten übers Meer. Man musste Häfen aufgeben, brauchte aber neue. Später konnte man dann erneut darangehen, Land zu gewinnen und einzudeichen.

In Nordfriesland befanden sich Geestdörfer, die ehemals im Binnenland gelegen hatten, mit einem Mal auf einem Geestkliff direkt am Meer, darunter etwa Schobüll und Mildstedt. Der Ortsname Schobüll bedeutet «Waldhügel»; der Wald war nun einer der wenigen Orte, an dem man direkt am Meer Holz einschlagen konnte. Das geschah auch, weil Holz Mangelware im Wattenmeergebiet war. Der Schobüller Berg war lange Zeit, bis in die Zeit um 1900, waldfrei und von Heide bedeckt, bevor dort wiederaufgeforstet wurde. In die Kirchen wurden Kunstwerke gebracht, die man unmittelbar nach den Sturmfluten aus den aufgegebenen Kirchen draußen im überfluteten Land noch hatte retten können. Nach den Überflutungen war nicht jedes Bauwerk vollständig zerstört. Man konnte die Kirchen noch aufsuchen und Wertvolles bergen; man musste aber einsehen, dass ein Wiederaufbau der Siedlungen und eine Wiederinbetriebnahme von landwirtschaftlichen Flächen wenigstens in näherer Zukunft Illusion bleiben musste. Vielleicht gelang es aber sogar in dem einen oder anderen Fall, persönliches Gut der Bauern aus den Flutgebieten zu bergen.

Die heute wichtige Stadt Husum, ebenfalls an der Geestkante gelegen, kam erst nach den mittelalterlichen Sturmfluten zu Bedeutung. Ihre erste Erwähnung datiert vom Ende des Mittelalters. Bis zur Sturmflut von 1634 entwickelte sich der Ort zu einem bedeutenden Markt, auf dem die Marschbauern ihre Waren zum Kauf anboten. Dieser Handel kam nach der Sturmflut zunächst zum Erliegen. Aber man deichte viele Flächen erneut ein, schützte sie besser vor Sturmfluten und betrieb dann wieder erfolgreiche Landwirtschaft.

Auch am Südende des Jadebusens, einem ehemals weithin moorigen Gelände im Urstromtal von Weser und Aller, das in die Nordsee mündet, brach das Wasser bis zu einem Geestkliff vor, das bei Dangast in der Nähe von Varel erreicht wurde. Eine «Gaste» ist ein anderes Wort für Geest. Von den Rändern des Jadebusens her entstanden ebenso wie in Nordfriesland kleine Köge; vor allem im Westen der Bucht deichte man neues Land ein. Auch die Durchbrüche, die während der Sturmfluten zwischen der Weser und der Jade entstanden waren, wurden wieder zu Land.

In den Niederlanden ging die Neulandgewinnung nicht nur von der Geest, sondern vor allem von dem Strandwall im Westen mit seinen Dünen aus. Man konnte die Neulandgewinnung großzügiger betreiben als in der Deutschen Bucht, denn es stand dafür ein Vielfaches an Kapital zur Verfügung. Am Ende des 16. Jahrhunderts wurde die Republik der Vereinigten Niederlande zu einem eigenen Staat, der sofort einen kometenhaften Aufstieg nahm. Mit den Stützen der Niederländischen Westindien-Kompanie und der Ostindien-Kompanie wurden die Niederlande zu einer wirtschaftlichen Großmacht. Als eine der führenden Seefahrernationen brachten sie große Teile des weltweiten Handels mit Gewürzen und anderen Luxusgütern an sich; sie zählten auch zu bedeutenden Vertretern des unrühmlichen Sklavenhandels aus Afrika nach Amerika. Mit allen diesen Handelsaktivitäten verdienten die Niederländer sehr viel Geld, das sie in die Lage versetzte, nicht nur prachtvolle Städte errichten zu können und die Kunst zu fördern, sondern auch Neuland dem Meer abzuringen.

Am Anfang des 17. Jahrhunderts suchten Kaufleute der besonders wohlhabenden Ostindien-Kompanie nach einer Anlagemöglichkeit für ihr Geld. Sie beauftragten 1607 den genialen Ingenieur Jan Adriaenszoon (1575–1650), der sich später den zweiten Nachnamen Leeghwater gab, die einige tausend Hektar große Fläche des Beemster, eines flachen Sees nördlich von Amsterdam, trockenzulegen und einzudeichen. Trotz mancher Schwierigkeiten – der Deich brach kurz nach seiner Fertigstellung bei einer Sturmflut – gelang Adriaenszoon dieses Werk so gut, dass bald mit dem Ackerbau begonnen werden konnte und die gesamten Kosten, die für die Einpolderung aufgewendet worden waren, nach wenigen Jahren wieder erwirtschaftet waren. Adriaenszoon baute nicht nur Deiche, sondern verwendete auch neuartige Mühlen, die er erfunden hatte. Bei ihnen wurde nicht – wie bei den älteren Bockwindmühlen – der gesamte Mühlenkasten in den Wind gedreht, sondern nur die Kappe. Diese Form von Mühlen nannte man fortan Holländer-Windmühlen; sie wurden auch andernorts nach holländischen Vorbildern gebaut. Jede Mühle trieb eine Archimedische Schraube an, die Wasser um einen knappen Meter heben konnte. Um Wasser mehrere Meter in die Höhe pumpen, betrieb Adriaenszoon mehrere Mühlen hintereinander in einem «Mühlengang» oder einer «Mühlentreppe», die nacheinander mehrere Archimedische Schrauben antrieben.

Der Beemster, wie bald nicht mehr der See, sondern fortan der Polder genannt wurde, ist heute ein UNESCO-Weltkulturerbe. Adriaenszoon leitete seit 1618 auch die Einpolderung des benachbarten Purmer, ferner die des Schermer und anderer Polder, alle unmittelbar nördlich von Amsterdam gelegen.

Die von Deichen umgebenen Flächen wurden nach geometrischem Muster eingeteilt: Kanäle und gerade Straßen führen durch sie hindurch, die sich in rechtem Winkel schneiden. Die Bauernhöfe liegen an den Straßen. Bei ihrem Bau musste ein weiteres Problem gemeistert werden: Es fehlte an Holz. Holzmangel hatte in den Marschen, in den Poldern, ja im gesamten Wattenmeerraum immer schon bestanden. Nun wurde er besonders offensichtlich, weil die neuen Polder in einer Gegend entstanden, die nicht an die Geest grenzten, von der aus Holz importiert werden konnte. Dieses Problem bestand nicht nur in den Poldern nördlich von Amsterdam, sondern auch auf der Halbinsel Eiderstedt. Die Lösung: Bauholz wurde nun über den Fernhandel importiert, vor allem über den Hafen von Amsterdam. Man ersann einen besonderen Haustyp, der im Beemster und seiner Umgebung wie auch auf Eiderstedt gebaut wurde. Es handelte sich um abgewandelte Gulfhöfe, wie sie es an der Küste bereits gab: Sie haben ein Innengerüst und benötigen vergleichsweise wenig Holz. Die Haubarge, die im Norden Hollands und in Eiderstedt gebaut wurden[21] und als die größten Bauernhofgebäude der Welt galten, reduzierten den Holzbedarf noch einmal. Sie haben im Inneren eine bis zu zwanzig Meter hohe Ständerkonstruktion aus importierten Stämmen, die eventuell aus dem Schwarzwald, dem Baltikum und Skandinavien kamen. Man verwendete dazu nicht nur Laub-, sondern auch Nadelholz. Auf dem Innengerüst liegen mächtige Reetdächer, die man mit lokal verfügbarem Material decken konnte. In dem hohen Innenraum lagerte man die Erntevorräte, Heu und Getreide. Seitlich wurden Wohnräume und Ställe vor die Gerüste gebaut, die aus Ziegeln gemauerte Wände erhielten. Ziegelton konnte man in den Marschen ebenfalls lokal gewinnen. Die Ziegelwände, die die Holzgerüste mit dem zentralen Lagerraum auf allen Seiten umgaben, schützten bei Sturmfluten das Gebäude. Die Wassermassen drückten zwar eventuell die Mauern ein, drangen aber kaum ins Zentrum des Gebäudes vor, so dass der Haubarg seine Stabilität behielt und auch das Kostbarste darin, der Erntevorrat, geschützt war. Und auch an andere Notfälle war offenbar weitsichtig gedacht: Geriet ein Haubarg in Brand, konnte es gelingen, das Vieh und das Mobiliar in Sicherheit zu bringen, denn es dauerte eine ganze Weile, bis die Ständer durchgebrannt waren und ihre Stabilität verloren. Über den Türen gibt es einen Friesengiebel, den man ursprünglich nicht zur Zierde baute, sondern der verhinderte, dass brennendes Stroh, das vom Dach rutschte, das Betreten des Hauses und die Rettung seines Inhaltes unmöglich machte. Diese Giebelform ist auch in anderen mit Stroh und Reet gedeckten Häusern an der Küste anzutreffen. Man konnte hoffen, im Schutz der Friesengiebel das Vieh und sein übriges Hab und Gut zu retten, vielleicht sogar die Erntevorräte ins Freie zu ziehen.

Eiderstedt blieb ein ländlich geprägtes Gebiet. In den Niederlanden hingegen kam es zu einer eigentümlichen kontrastreichen Verschränkung von Stadt und Land. Die nördliche Stadtgrenze von Amsterdam ist sehr abrupt. In den Poldern der Niederlande blieb die Land- und Siedlungsstruktur bis heute auch in unmittelbarer Stadtnähe weitgehend erhalten.

Eine Anekdote am Rande: Die schnurgeraden Straßen gelten heute als sehr gefährlich; in den Niederlanden spricht man von der «Polderblindheit» der Autofahrer, die von den geraden Straßen zum schnellen Fahren verleitet werden. Es wurden spezielle Geschwindigkeitsbeschränkungen eingeführt.

Das Goldene Zeitalter der Niederlande war nicht nur eine enorme Blütezeit der Kunst, sondern führte auch zur Schaffung großer Polder auf ehemaligen Wattflächen. Das Kapital aus dem frühen Welthandel, unter anderem mit Gewürzen, konnte durch die Schaffung eines modernen Agrarstaates vervielfacht werden. Stets lagen Stadt- und Landsiedlungen dicht beieinander, Stadt- und Landbevölkerung mischten sich. Damit setzten sich die Niederlande deutlich von den benachbarten Regionen ab, die ab 1618 immer mehr von den Zerstörungen des Dreißigjährigen Krieges betroffen waren. Die Niederlande führten zwar auch Krieg, behielten aber vor allem ihren enormen Wohlstand in einem immer stärker durch Ingenieurbaukunst gestalteten Kulturland, das mit einem Naturzustand immer weniger zu tun hatte. Die bekannten Land-Depressionen in den Niederlanden sind nicht von

Natur aus entstanden, sondern Menschenwerk, vor allem eine Leistung eines genialen Ingenieurs am Anfang des 17. Jahrhunderts. Die exzellent mit Mineralstoffen versorgten und entwässerten ehemaligen Wattböden ermöglichten eine besonders intensive Landwirtschaft, die weltweit ihresgleichen sucht. Dadurch können nicht nur die dicht besiedelten Stadtregionen des Landes seit Jahrhunderten hervorragend versorgt werden, sondern die in Gartenbaubetrieben erzeugten landwirtschaftlichen Produkte zählen bis heute zu den wichtigsten Exportgütern des Landes. Man kann sie auf den berühmten Stillleben der niederländischen Maler identifizieren: Tomaten, Kopfsalat, Gurken, Obst, Artischocken, Tulpen und andere Schnittblumen, Geflügel, Eier, Milch und Milchprodukte. Vor dem Transport vom Land in die Stadt, später für den Export wurden viele Produkte haltbar gemacht, unter anderem der berühmte Käse, der nach Städten und Herkunftsregionen benannt ist und nach verschiedenen Rezepten aus Milch von Kühen hergestellt wird, die auf ehemaligen Wattböden weideten und weiden: Gouda, Leerdammer, Edamer, Maasdammer. Dabei handelt es sich keineswegs nur um bekannte Massenprodukte, die man in jedem Supermarkt kaufen kann, sondern es gibt auch exquisite Sorten, die vor allem im Heimatland angeboten werden. Zum Teil sind sie nach traditionellen Rezepten mit Gewürzen versehen. Deren Inhaltsstoffe machen Käsesorten haltbar oder bereichern den Geschmack.

Bis ins 20. Jahrhundert hinein fanden die gigantischen Eindeichungs- und Polderprojekte in den Niederlanden ihre Fortsetzung. Das größte dieser Projekte wurde die Trockenlegung der Zuiderzee, einer ausgedehnten Bucht der Nordsee. Sie wurde zuerst 1932 vom Meer durch den Abschlussdeich getrennt und danach zum Ijsselmeer, zu einem Süßwassersee. Wie im Niederdeutschen ist ein «Meer» ein Süßwassersee, die «Zee» oder die «See» aber ein Teil der salzigen Weltmeere. Entgegen ursprünglichen Plänen wurden die übrigen Teile des Ijsselmeeres nicht mehr trockengelegt, es blieb das größte «Meer» der Niederlande. Dann entstanden riesige Polder: Flevoland ist die weltweit größte dieser Anlagen, aber auch Wieringermeer und Nordoostpolder haben immense Ausdehnungen. Die Stadt Almere auf Flevoland wurde 1975 gegründet. Heute leben dort über 200 000 Menschen, die Hälfte der Bevölkerung von Flevoland. Almere ist mittlerweile die achtgrößte Stadt in den Niederlanden. Viele Menschen pendeln täglich in das nahe Amsterdam.

Sowohl in den Niederlanden als auch in den deutschen Küstenländern war man gezwungen, nicht nur beim Bauen, sondern auch beim Heizen und bei der Nahrungszubereitung Holz zu sparen. Deshalb fanden Kachelöfen weite Verbreitung. Von den Kacheln wird die Wärme besonders gut abgestrahlt. Man verbrennt nicht so viel Holz und hat dennoch gut geheizt. Von geschlossenen Öfen geht auch eine geringere Brandgefahr als von offenen Feuerstellen aus. Brände waren unbedingt zu vermeiden, weil Bauholz so schwer zu beschaffen war.

Kachelöfen, mit denen sich holzsparend heizen ließ, wurden irgendwo im Oberrheingebiet erfunden, wo genau, weiß man nicht – im Südwesten Deutschlands, im Elsass oder im Nordwesten der Schweiz? Die Idee, sie zu konstruieren und zum sparsamen Heizen zu verwenden, wurde dann wohl rheinabwärts in die Niederlande exportiert. Dort baute man im 17. und 18. Jahrhundert die berühmten «Delfter Kachelöfen» und ließ sich bei der Gestaltung der Fliesen von Vorbildern aus chinesischem Porzellan inspirieren. Diese hatte die Ostindische Kompanie von ihren Reisen mit in die Niederlande gebracht. Porzellan konnte man in den Niederlanden nicht herstellen, denn es mangelte an Kaolin als Rohstoff. Die Kacheln aus den Niederlanden sind deswegen eine besondere Form von Keramik, die aber berühmt wurde und es bis heute blieb. Kacheln und Öfen brachte man von den Niederlanden auf die Halligen. Besonders bekannt wurde der Königspesel auf der Hallig Hooge im Nordfriesischen Wattenmeer, der in einem Haus aus dem Jahr 1776 erhalten blieb. Im Jahr 1825 fand der dänische König Friedrich VI. hier während der verheerenden Februar-Sturmflut Schutz. Die Halligen gehörten damals noch zu seinem Herrschaftsbereich.

Das Handelsnetz der Siedler im Watt wurde im Lauf der Jahrhunderte immer weiter optimiert. Bereits in der sogenannten Römischen Kaiserzeit oder Eisenzeit bestanden Kontakte in den Herrschaftsbereich des Imperium Romanum. Als die Macht der Römer schwand, wurden die meisten Siedlungen im Bereich von Watt und Salzwiesen aufgegeben. Möglicherweise mussten sie nicht nur wegen drohender Überflutungen verlassen werden, sondern auch deswegen, weil Lebenswichtiges fehlte, etwa Holz und Korn, und weil Absatzmärkte für Produkte des Wattenmeeres und dessen Umgebung weggebrochen waren. Dort aber mussten Güter (Fisch, Milchprodukte, Textilien) abgesetzt werden, damit die Menschen, die im und am Wattenmeer lebten, die ihnen fehlenden Produkte erwerben konnten.

Mit der Stärkung des Handels im frühen Mittelalter war es auch wieder möglich, die Wurten an der Nordsee intensiver zu besiedeln. Sie wurden entweder erneut aufgesucht, oder es wurden neue Wohnhügel aufgeschüttet. Zu den Wurten oder in deren Nähe führten Priele, auf denen kleine auf Kiel gebaute Boote unterwegs waren. Man zog sie auf die Ufer der Priele, besser noch an die Ränder der Wurten, wenn man mit ihnen nicht gerade auf dem Meer unterwegs war.

Als einige Jahrhunderte später immer mehr Salzwiesen, schließlich aber die gesamte Marsch von Deichen umzogen wurde, nahm auch das Handelsvolumen erheblich zu: Um das entstehende Transportproblem zu lösen, konstruierte man für den Betrieb im Wattenmeer sogenannte Plattbodenschiffe. Erstmalig sind sie aus der gleichen Zeit bezeugt, in der es auch Deiche gab, nämlich um das Jahr 1300. Man baute Ewer und Tjalken.[22] Ewer haben einen völlig platten Boden aus Nadelholz. Sie wurden vor allem an der Niederelbe und im angrenzenden Wattenbereich eingesetzt, in dem der Tidenhub besonders groß ist. Nadelholz war nicht leicht zu bekommen, weil es in den Wäldern an der Küste nicht vorkam. Tjalken konstruierte man aus Eichenholz, achtete aber darauf, dennoch einen möglichst platten Boden zu erzeugen, so dass das Boot nicht umkippte, wenn es im flachen Watt trockenfiel. Tjalken waren die typischen Küstenfahrzeuge in Ost- und Westfriesland sowie in manchen Teilen Hollands. Durch das Eichenholz waren sie haltbarer. Das Nadelholz der Ewer musste immer wieder ersetzt werden, weil es nicht so viele Gerbstoffe enthielt und rasch schadhaft

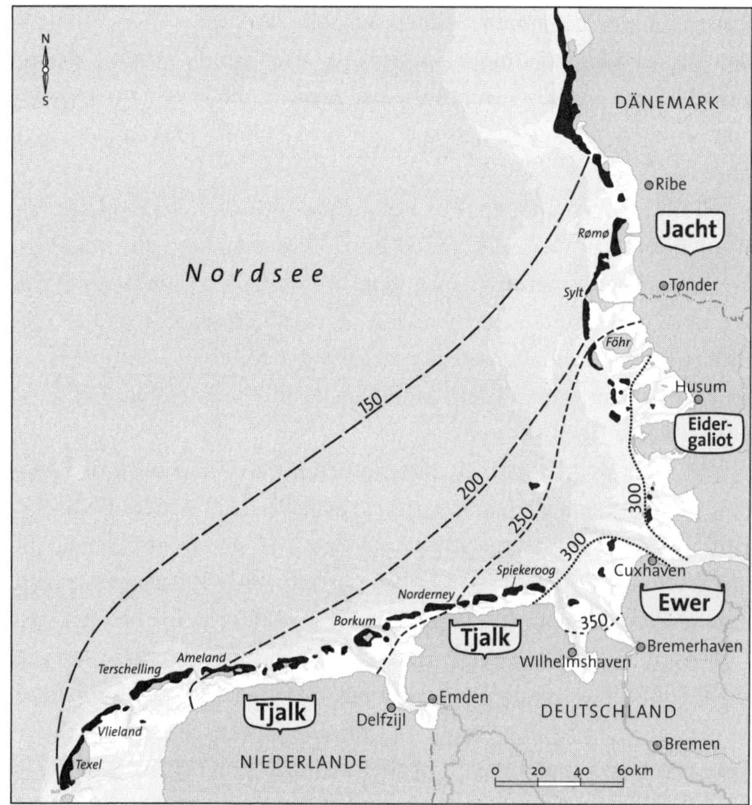

Die Inselformen (Barriere-Inseln, Platen) bilden sich in Abhängigkeit von den Tidenhöhen heraus. Davon hängen auch die verwendeten Schiffstypen ab.

wurde. Trotzdem sah man sich zur Verwendung von Nadelholz in der inneren Deutschen Bucht gezwungen, weil die Tidenhübe dort einfach zu groß waren. Immer wieder versuchte man, haltbareres Nadelholz zu bekommen, schließlich gelangte kanadisches Pitchpine-Holz über den Hamburger Hafen in die Ewer-Werften. Pitchpine ist eine Sammelbezeichnung für Kiefernholz mit einem hohen Teergehalt; man könnte den Begriff etwa mit «Pechkiefer» übersetzen.

Gebaut wurden die Boote zunächst am Rand der Geest, typischerweise in den sogenannten Geestrandstädten, wo man Eichenstämme in den Wäldern finden konnte. Später verlagerte man die Werften dichter ans Meer oder an die Hauptflüsse der Ästuare, die besser zu erreichen waren und von denen man auch größere Schiffe vom Stapel lassen konnte.

Tjalken und vor allem Ewer brauchen eigentlich keine Häfen. Sie werden im Watt abgesetzt und können dann von Land aus mit Fuhrwerken erreicht werden (siehe Tafel 9). Sie haben eine hohe Bordwand, so dass sie auch an einer Mole anlegen können. Sie sind also die idealen und vielfältig einsetzbaren Fahrzeuge für einen Transport vom Land (mit oder ohne Hafen) in die Stadt mit einem Hafen, wo sie an einem Kai anlegen können.

Mit der Zeit baute man auch an den Sielen Kaimauern und Molen. Dort entstanden charakteristische Sielhäfen, die weitere Besonderheiten des Wattenmeergebietes darstellen.[23] In der Deutschen Bucht, vor allem in Ostfriesland, im Wangerland und Butjadingen tragen etliche dieser Häfen den Begriff «Siel» als Endsilbe im Namen, also Greetsiel, Neuharlingersiel, Bensersiel, Carolinensiel, Horumersiel oder Fedderwardersiel. Rings um ein Hafenbecken mit Kaimauern stehen aus Ziegeln aufgemauerte Gebäude mit Verwaltungseinrichtungen, Gasthöfen und Läden. Die Sielhafenorte waren Plätze, an denen man Waren von den Schiffen erhielt und andere Waren verschiffte und wo man auch Einkäufe tätigen konnte. Die Orte bekamen besondere Bedeutung für die Infrastruktur der Marschen, deren Dörfer und Einzelhöfe von dort aus gut zu erreichen waren. Und natürlich traf man sich im Sielhafen mit Nachbarn und Fremden.

Mit Ewern wurde an der Tideelbe und in deren Umgebung ein Versorgungsnetz für Hamburg errichtet. Mit den Booten wurden alle möglichen Waren auf dem Fluss in die Stadt gebracht. Verderbliche Güter wie Milch und Milchprodukte kamen ganz aus der Nähe von Hamburg, Beerenobst und Gemüse aus den nahen Vier- und Marschlanden, auch aus der Winsener Elbmarsch. Anderes Obst wurde vor allem aus dem Alten Land nach Hamburg geliefert. Korn kam aus der reichen Kremper Marsch, Kohl und Rapsöl konnten einen weiteren

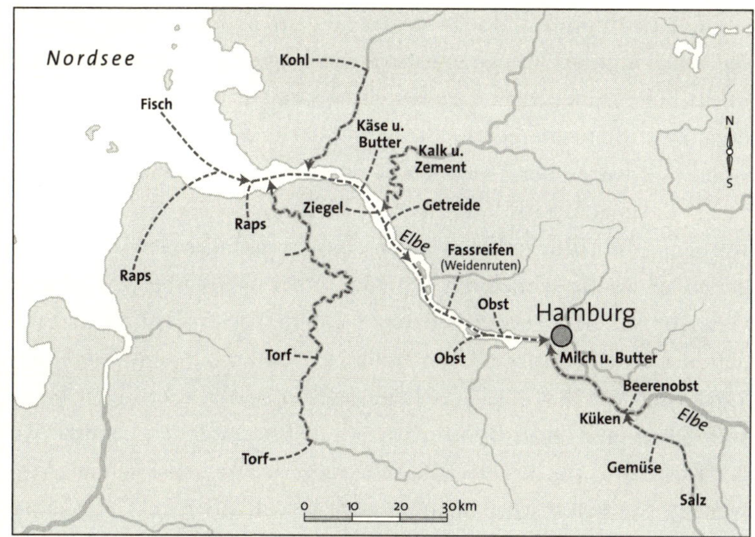

Hamburg wurde mit Lebensmitteln und anderen Gütern mit Ewern versorgt. Leicht verderbliche Güter kamen aus der Nähe der Stadt, haltbarere aus größerer Distanz.

Weg zurücklegen, man baute sie vor allem in Dithmarschen und im Land Wursten an. Rapsöl brauchte man vor allem für Öllampen, die man auf Schiffen lieber verwendete als Fackeln aus Kienspan, von denen eine erhebliche Brandgefahr ausging. Besondere Ewer brachten Ziegel aus Kehdingen nach Hamburg; nach dem Stadtbrand von 1842 bestand ein riesiger Bedarf daran. Zement kam aus Itzehoe und Umgebung, Torf aus den Mooren um Bremervörde. Und man konnte natürlich auch Fisch mit Ewern nach Hamburg bringen; dazu verwendete man eine Bünn, eine Vorrichtung am Boden der Boote, die Kontakt zu frischem Wasser hatte. So gelangten lebende Fische im Wasser in die Stadt und wurden dort fangfrisch verkauft.

Ewer und Tjalken wurden seit dem 19. Jahrhundert durch schnittigere Kutter ersetzt, die in England entwickelt worden waren. Sie mussten aber ebenso wie die älteren Boote bei Niedrigwasser auf dem Wattboden abgesetzt werden können.

Ein traditioneller Bootstyp, der in ganz anderen Weltgegenden mit von Tiden beeinflussten Küsten seit langer Zeit verwendet wird, ist das Seitenauslegerkanu. Es besteht aus einem Einbaum und einem oder zwei Seitenauslegern, die verhindern, dass das Boot kentert, wenn sich wegen der Tiden der Wasserstand ändert. Möglicherweise ist der Katamaran nach Vorbildern des Seitenauslegerkanus konstruiert worden. Seitenauslegerkanus haben ein sehr geringes Gewicht. Daher gelten sie als die schnellsten Segelboote der Welt. Aber das geringe Gewicht hat noch einen anderen wesentlichen Vorteil: Man kann Seitenauslegerkanus ohne viel Mühe an den Strand einer Gezeitenküste rings um den Pazifik ziehen, sei es in Afrika oder in der Inselwelt Südasiens. Diese Boote werden seit Jahrtausenden genutzt. An der Küste Sri Lankas werden Seitenauslegerkanus zum Fischfang verwendet. Sie sollen sogar hochseetauglich sein. Aber im Unterschied zu den Plattbodenschiffen eignen sie sich nicht, um größere Mengen an Erntegut vom Land in die Stadt zu bringen.

Die Bemühung um Nachhaltigkeit

Wenn man sich in den Marschen besonders intensive Gedanken über die sparsame Verwendung von Holz machte, griff man eine zentrale Idee des Bemühens um Nachhaltigkeit auf. Dazu gibt es seit der Zeit der Reformation ein reichhaltiges Schrifttum in der sogenannten Hausväterliteratur, zu der Martin Luther als einer der ersten Autoren Texte beigesteuert hat.[24] Die Verwendung sparsamer Öfen spielt darin eine entscheidende Rolle, auch bei Luther. Die Reformation wollte nicht nur eine Erneuerung des Glaubens, sondern auch eine umfassende Reform des Lebens bewirken: Es ging dabei auch um frühe Gedanken zu Nachhaltigkeit und Beständigkeit.

Wie man Holz nachhaltig nutzen konnte, sollte, ja müsste, wurde in vielen theoretischen Abhandlungen beschrieben. Bei der Lektüre hat man oft den Eindruck, dass die Verfasser sich Beständigkeit wünschten, also den Wald immer vor Augen und immer zur Verfügung haben wollten. Doch Beständigkeit hat mit Nachhaltigkeit nicht viel zu tun. Nachhaltigkeit kann es nur dort geben, wo es einen natürlichen Zuwachs an Ressourcen gibt, also eine natürliche Veränderung. Neu entstehende Ressourcen lassen sich in einem solchen Fall nutzen, und zwar so, dass die ursprünglich vorhandene Ressourcenmenge erhalten bleibt. Man nutzt also nur die hinzugekommene Ressourcenmenge. Die Nutzung muss aber auch erfolgen, denn sonst wächst die Menge der Ressource weiter, aber eventuell nicht mehr optimal, und man kann sie nicht mehr optimal nutzen. Es ist also notwendig, den Wald zu durchforsten, wenn er nachhaltig genutzt werden soll.

Bäume wachsen von Natur aus in die Höhe und werden von Natur aus dicker. Jedes Jahr kommt ein Jahresring an Holz hinzu. In den Blättern wird jedes Jahr Fotosynthese betrieben, bei der aus Kohlenstoffdioxid und Wasser beständige organische Substanz wird, die den Baum in die Höhe und in die Breite oder Dicke wachsen lässt. Zellulose und Lignin, die das Holz aufbauen, sind sehr beständig. Diese Substanzen können nur von wenigen Mikroorganismen zersetzt werden, die Zellulasen und Lignasen als Enzyme besitzen. Der Holzvorrat in einem Wald wächst also natürlicherweise Jahr für Jahr an.

Daher kann man einzelne Bäume in einem Wald einschlagen, aber dennoch den gleichen Holzvorrat behalten, weil gleichzeitig mit der Entfernung eines Baumes alle anderen um einen Jahresring dicker werden. Hat man einhundert Bäume im Bestand, die jeweils einhundert Jahre alt werden, kann man pro Jahr das Holz von einem Baum nutzen und behält dennoch einen konstanten Holzvorrat. Man muss allerdings dafür sorgen, dass zum Ersatz mindestens ein junger Baum erneut in die Höhe kommt.

Fotosynthese ist auch die Ursache für die Vermehrung der Algen im Watt. Sie entwickeln sich dort besonders gut, weil die Voraussetzungen für die Fotosynthese derart hervorragend sind wie kaum an einem anderen Ort auf der Welt. Die Algen lassen sich nicht wie Holz nachhaltig nutzen. Sie stehen aber am Ausgangspunkt des marinen Nahrungsnetzes, der Biozönose oder des Ökosystems, dessen Zusammenwirken Karl August Möbius im Wattenmeer Nordfrieslands erkannt hatte. Algen sind entweder direkt oder mit mehreren «Zwischenstufen» im Nahrungsnetz die Ressource für Tiere, die man für die menschliche Ernährung und dabei durchaus nachhaltig nutzen kann, wenn man eine Form von Fischerei betreibt, die dem Meer nur eine genau bestimmte Menge an Tieren entnimmt, die sich zur gleichen Zeit von den Algen oder über mehrere Zwischenstufen des Nahrungsnetzes ernähren können. Es ist natürlich sehr schwer, diese Menge an Fisch und anderen Meerestieren genau zu erfassen, aber es ist theoretisch möglich. Und es gibt immer Fischer, die aus reiner Empirie heraus versuchen, genau diese Menge an Meerestieren zu fangen, die einer nachhaltigen Nutzung ihres Fangrevieres entsprechen – und nicht mehr.

Der zentrale Zugang zur Biozönose des Watts geht aber nicht von einzelnen Tieren und deren Beziehungen untereinander aus. Im Zentrum stehen vielmehr diejenigen Organismen, die Fotosynthese betreiben, also Stoffe aufbauen, die von Menschen genutzt werden können. Nur aus diesem Grund setzt man sich eigentlich mit Nachhaltigkeit auseinander; es geht eigentlich um eine Nutzung, die so erfolgen muss, dass die Biozönose so erhalten bleibt, wie man sie vorgefunden hat. Dabei muss sie sich aber natürlicherweise verändern, denn jegliche Form von natürlichem Wachstum und dem dadurch hervorgerufenen Wandel ist die Voraussetzung dafür, dass eine Nutzung stattfinden kann und nicht in Raubbau ausartet.

Die Algen des Watts werden nur zu einem Teil in das Plankton freigelassen und sind dann Ressource im Nahrungsnetz, um dies einmal sehr technisch auszudrücken. Ein anderer Teil der Fotosynthese betreibenden Algen verbleibt benthisch, also festsitzend im Watt. Doch das muss nicht endgültig sein; die Organismen können auch nach mehreren oder vielen Tiden erneut ins Plankton gelangen. Die benthischen Algen halten mit ihren Schleimausscheidungen Wasser und feines Sediment fest, sie betreiben an der Oberfläche des Watts besonders intensive Fotosynthese und sind daher die Ursache für das Wachstum von Watt und Groden. Schicht für Schicht legen sich organische und anorganische Substanz dabei übereinander. Der daraus resultierende Boden enthält alle für ein optimales Pflanzenwachstum erforderlichen Mineralstoffe in Hülle und Fülle.

Die Voraussetzungen dafür wurden durch natürliches Wachstum «geliefert». Deichte man Watt ein, konnte man hohe Erträge an Korn und anderen Kulturpflanzen erzielen. Möglich war das für relativ lange Zeit, es war aber dennoch nicht «völlig nachhaltig». Da der Boden in den eingedeichten Kögen oder Poldern dem Einfluss des Meeres und seiner Organismen entzogen wurde, war an eine Fortsetzung des Wachstums der Algen nicht zu denken. Doch darum sorgten sich die wenigsten. Die meisten konzentrierten sich darauf, dass beständige Landstrukturen aus Watt, einem Teil des Meeres, «herstellbar» waren. Sie warfen hohe Erträge ab; die Marschbauern wurden reich, und sie kamen in Kontakt mit ebenfalls wohlhabenden Händlern in den Städten. Und das blieb für eine ganze Weile so, in der die Böden noch nicht zusammengesackt waren und trocken blieben, so dass Getreide wachsen konnte.

In den niederländischen Städten bestanden gute Schulen, die auch von den Landbewohnern besucht werden konnten. Auf diese Weise war für eine breite Bildung der Marschbevölkerung gesorgt. Auf dem Gebiet Deutschlands gründete man ebenfalls frühzeitig Schulen, in denen die Bewohner des Wattengebietes eine vorzügliche Ausbildung erhielten. Seit 1390 besteht eine Klosterschule in Buxtehude an der Niederelbe. Wenige Jahre später, 1393, entstand die sehr angesehene Schule in Stade, die im 17. Jahrhundert den Namen «Athenaeum» erhielt. In den Jahren 1483 und 1505 wurde eine Schule, später eine Lateinschule in Emden erwähnt. Mit der Einführung der Reformation 1527 entstand auch die Husumer Gelehrtenschule. Erst danach, 1528/29, kamen – ebenfalls mit der Ausbreitung der Reformation – das Johanneum in Hamburg und das Gymnasium illustre in Bremen hinzu. Zentren der Bildung waren also zunächst keineswegs die Großstädte; vielmehr nahmen kleinere Orte eine Führungsrolle ein. 1540 kam das Gymnasium in Meldorf hinzu, weitere Lateinschulen entstanden 1567 in Norden, 1573 in Jever, 1584 in Leer. Eine traditionsreiche Schule gab es auch in Otterndorf, an der Johann Heinrich Voß unterrichtete.

Auf diese Weise erhielten immer wieder Menschen die nötige Bildung, um die Neulandgewinnung, die komplizierten Deichbauten und Wasserableitungen aus den Küstenmarschen gut berechnen und administrativ begleiten zu können. Der gute Bildungsstand zumindest eines Teils der Bevölkerung lässt sich an der großen Zahl der Schriftstücke ablesen, die in den letzten Jahrhunderten zu Deichen, Sielen und Kanälen zur Ableitung von Wasser angefertigt wurden. Viele Bewohner der Marschen waren erstaunlich belesen und hatten umfangreiche Bibliotheken auf ihren Bauernhöfen zusammengetragen.

Beständigkeit herrschte auch auf einem anderen kulturellen Feld, der Orgelmusik. In kaum einer anderen Region der Welt wurden über die Jahrhunderte derart viele Orgeln gebaut wie in den Marschen rings um das Wattenmeer an der Nordseeküste. Hatte das damit zu tun, dass man dort Parallelen zog zwischen der Nachhaltigkeit der Feldnutzung innerhalb der Deiche und der angestrebten Beständigkeit der Instrumente? Auf jeden Fall ist die Küstenlandschaft eine Region, in der sowohl die Reformation als auch die ständig durchgeführten Landreformen große Bedeutungen besaßen. Der Bau von Orgeln erforderte eine große Menge an Kapital, das über die hohen landwirtschaftlichen Erträge der Marschböden aufgebracht werden konnte.

Die älteste noch spielbereite Orgel in Deutschland steht in Rysum bei Emden; es ist überliefert, dass die Bauern in dem kleinen Wurtendorf ohne fremde Hilfe in der Lage waren, die Orgel zu finanzieren. Man kann mit Fug und Recht behaupten, dass die Wirkung der mikroskopisch kleinen Kieselalgen die Voraussetzung dafür war, dass Kirchen mit reichhaltigen Kunstschätzen und besonders berühmten Orgeln entstehen konnten. Einer der wichtigsten Orgelbaumeister der Welt stammt aus dem Marschengebiet: Arp Schnitger (1648–1719), der in Schmalenfleth oder Golzwarden bei Brake geboren wurde und am Ort von einem seiner berühmtesten Werke, in Neuenfelde, starb; heute ist dies ein Stadtteil von Hamburg.[25]

In den Niederlanden gibt es eine besondere geographische Beziehung zwischen einem neuralgischen Punkt des Sturmflutschutzes und einer Orgelstadt. Seit Jahrhunderten musste man dem Schutz für die Hondsbossche Zeewering stets besondere Aufmerksamkeit widmen. Der Deich schließt unmittelbar an das Nordende der geschlossenen Nehrung im Westen der Niederlande mit ihren Dünen an. Die Nehrung, vor der keine Deiche gebaut werden mussten, wird allmählich in Richtung Binnenland, also nach Osten, verlagert, nicht aber der Deich. Deshalb klafft immer aufs Neue eine Lücke zwischen der natürlichen Nehrung und dem von Menschen gebauten Deich, der bis in jüngste Zeit wieder und wieder mit hohem Aufwand gesichert, verlagert und neu gebaut werden muss. Die erste Stadt, die bei einem Bruch dieses Deiches wohl überflutet werden würde, wäre die «Orgelstad Alkmaar»,[26] in der über Jahrhunderte hinweg immer wieder prachtvolle

Instrumente gebaut wurden. Von dort aus käme die Flutwelle wohl auch in andere Städte voran. Verhindert werden kann dies einerseits durch die Verstärkung der Befestigungen am Seedeich, andererseits durch die Schaffung mehrerer weiterer Deichlinien im Hinterland, die das Wasser aufhalten könnten, wenn es an der Hondsbosschen Zeewering ins Binnenland eindringt. Auf deren Schutzwirkung muss man hoffen, wenn auf den Orgeln von Alkmaar und andernorts gespielt und dazu gesungen wird: «Wer Gott dem Allerhöchsten traut, der hat auf keinen Sand gebaut.» Interessanterweise gibt es in Alkmaar die «Leeghwater Concerten», die an den genialen Erbauer von Deichen, Poldern und Mühlen Jan Adriaenszoon Leeghwater aus der ersten Hälfte des 17. Jahrhunderts erinnern. Man sieht in der Stadt selbst also den Zusammenhang zwischen nachhaltiger Poldernutzung und einer beständigen Pflege der Orgeln.

In der Brandung zerschlagen

Steilküsten haben ein charakteristisches Bild, das die Seeleute erkennen konnten. Die Orientierung im Wattenmeer, das überwiegend von flachen Küsten umgeben ist, fiel da erheblich schwerer. Bei bestimmten Wetterlagen ist aber auch aus der Ferne zu erkennen, wo die Grenze zwischen Land und Meer verläuft. Weht der Wind an einem warmen Tag vom Meer zum Land, steigt infolge der Thermik feuchte Luft über dem warmen Land auf. Wasser kondensiert bei der Abkühlung der Luft, und es bilden sich auch aus größerer Entfernung gut sichtbare hohe Wolken über dem Land. Die eigentliche Küste nimmt man dagegen gerade im Wattenmeer erst aus geringer Distanz wahr, denn das flache Land ist aus der Ferne nicht sichtbar, und charakteristische Punkte sind kaum auszumachen: Das Küstenland ist dort überall gleich flach. Besonders kompliziert ist es, die Einfahrt in ein Fließgewässer oder ein Ästuar von der See aus zu entdecken. Oft sahen die Schiffsbesatzungen die Küsten zu spät und strandeten im flachen Watt.

Nachts gab es anfangs nur die Möglichkeit, sich an den Sternbildern zu orientieren. In antiker Zeit errichtete man erste Leuchttürme, auf denen ein offenes Feuer entzündet wurde, etwa auf Rhodos und in Alexandria. Am Ende des 13. Jahrhunderts kam Hamburg in den Besitz der Insel Neuwerk in der Elbmündung. Sie erhielt ihren Namen nach dem «Neuen Werk», dem dort gebauten Leuchtturm. Er besteht seit 1301, veränderte aber seine Gestalt mit den Jahrhunderten. Auch auf dem Leuchtturm von Neuwerk wurde ein Feuer entzündet, um die Elbmündung zu markieren. Ein weiteres altes Seezeichen an der Elbmündung ist die Kugelbake bei Cuxhaven, die man allerdings nur am Tag sehen konnte. Sie ist unbeleuchtet.

Darüber hinaus wurde genau darauf geachtet, dass die auf Seekarten markierten Silhouetten der Türme und Häuser immer genau identisch aussahen, damit sie von See aus erkannt werden konnten. Der aus der Niederelbe-Region stammende Göttinger Professor Christoph Meiners (1747–1810) unternahm 1788 eine Reise in seine ursprüngliche Heimat und besuchte auch Neuwerk. Über die dort befindlichen Gebäude schrieb er: «Den Schiffen, die aus der See kommen, dienen nicht bloß die hohen Thürme auf der Insel, sondern auch die übrigen Bauer-Häuser als Signale. Aus diesem Grunde dürfen nicht mehrere Häuser, als einmal da sind, und auch die einmal vorhandenen nicht an andern Stellen gebaut werden. Als vor einigen Jahren eins der Bauern-Häuser abbrannte, und der Besitzer nicht gleich im Stande war, ein neues zu errichten, ließ die Admiralität in Hamburg, (welcher Stadt die Insel, wie das Amt Ritzebüttel gehört) so gleich das abgebrannte Haus mit der grösten Geschwindigkeit aufführen, damit das fehlende Haus keinen Schiffer irre machen möchte.»[27]

Niederländische Städte an der Küste, aber auch Orte an der deutschen Nordseeküste – etwa Tönning und Tating – erhielten sehr hohe und charakteristisch aussehende Kirchtürme, die aus großer Entfernung sichtbar waren. Aus erheblicher Distanz war auch der Meldorfer Dom auf dem Geestkliff sehr gut erkennbar.

Die Nutzung küstennaher Routen schuf zwar Orientierung, blieb aber gefährlich. Der Seefahrer Joachim Nettelbeck nutzte 1783 eine küstennahe Route von der Nordsee über das Skagerrak ins Kattegat. Er geriet in einen Sturm. Sein Schiff wurde beschädigt und ließ sich nicht mehr steuern. Nettelbeck schilderte den Verlust seines Schiffes zwischen den Klippen eines Felswatts und nicht etwa auf hoher See, wo die Schifffahrt wesentlich weniger gefährlich war, aber keine Orientierung ermöglichte:

> «Denn da das Schiff dem Ruder nicht mehr folgen mochte, so ward hier alle Kunst des Steuerns zu schanden! Wir wurden mit sehenden Augen in unseren Untergang hineingetrieben und standen nach wenigen Augenblicken auf einem Steinfelsen fest. So-

gleich auch stürzte die stürmende See in furchtbaren Wogen über unser Schiff hinweg, daß der Schaum bis hoch an die Mastkörbe emporspritzte, indes jenes durch die gewaltigen Stöße am Boden durchlöchert wurde und voll Wasser lief. So war denn an ein Wiederabkommen von dieser Klippe und an Rettung des Schiffes gar nicht mehr zu denken!»[28]

Das Schiff zerbrach, wurde in der Brandung zerschlagen. Zum Glück konnte sich die Besatzung an Land retten. So wie hier spielen sich immer wieder Schiffsunglücke im Watt ab, und zwar nicht nur an Klippen des Felswattes, sondern auch auf sandigen Strandwällen und im Schlickwatt, weil Wassertiefen nicht richtig eingeschätzt werden oder sich Schiffe nicht mehr aus dem Bereich von Untiefen wegbewegen lassen. Auch die Priele, die Zufahrten zu den Sielhäfen, sind nur bei Niedrigwasser gut zu erkennen. Bei hohen Wasserständen sieht man nur die Pricken über den Wasserspiegel ragen. Dabei handelt es sich um lange Stöcke, die in den Wattboden gerammt werden und die an der Spitze oft ein Reisigbündel tragen. Sie müssen immer wieder umgesteckt werden, wenn sich die Priele im Verlauf der Gezeiten verlagern.

In den letzten beiden Jahrhunderten wurde ein System aus Leuchttürmen und Bojen aus Unterfeuern und Oberfeuern geschaffen, die gemeinsam sogenannte Richtfeuer bildeten. Waren beim Navigieren eines Schiffes beide Feuer auf einer Linie, dann hatte man den richtigen Kurs. An einer anderen Boje musste man den Kurs ändern und zwei andere Leuchtfeuer auf eine Linie bringen. Das erklärte mir als Dreizehnjährigem der Mathematiker Professor Walter Horn. Er war damals der Zweite Direktor des Deutschen Hydrographischen Instituts in Hamburg, des heutigen Bundesamts für Seeschifffahrt und Hydrographie. Horn war Kunde in der Buchhandlung meines Großvaters Kurt Saucke, wo er regelmäßig Bücher zur Philosophie und antiken Kultur kaufte. Ich lernte ihn dort kennen, und er lud mich zu einer Führung in sein Institut ein, das sich in einem markanten Gebäude oberhalb der St.-Pauli-Landungsbrücken befand. Was weder meine Verwandten in der Buchhandlung noch natürlich ich selbst wussten: Walter Horn hatte im Februar 1962 vor der verheerenden Sturmflut gewarnt. Deren Ausmaße zeichneten sich für den Mathematiker bereits etliche Stunden vorher ab. Doch hörte man nicht auf ihn, vielleicht weil man in den Worten des Wissenschaftlers die Brisanz der Lage zu wenig erkannte. In später erschienenen Dokumentationen wird das sehr klar. Viele Menschenleben hätten gerettet werden können, hätte man den Warnungen des Bekannten meines Großvaters stärkere Beachtung geschenkt. So aber ertranken in einer Februarnacht mehr als dreihundert Menschen in den Fluten, vor allem auf den Inseln im Hamburger Stadtteil Wilhelmsburg.

Zu den üblichen Aufgaben des Instituts gehörte die Berechnung der Tiden, die Vermessung auf See und die Herausgabe von Seekarten. Heute, im Zeitalter von GPS-Systemen, sind die meisten Leuchtfeuer überflüssig geworden. Doch die Gefahren der See, und besonders diejenigen des Wattenmeeres, bedrohen nach wie vor die Schifffahrt.

Von den Gefahren für die Schifffahrt in küstennahen Gewässern wusste ich bereits etwas, als ich Walter Horn besuchte. Denn kurz nach meiner ersten Reise an die Nordsee wurde die Gesellschaft zur Rettung Schiffbrüchiger hundert Jahre alt. Aus diesem Anlass erschien eine Briefmarke, und mein Vater brachte von da an regelmäßig die Jahresberichte der Gesellschaft mit nach Hause, für die sein Arbeitgeber jährlich namhafte Spenden überwies. Wie das Rote Kreuz und die Deutsche Lebensrettungsgesellschaft wird auch die Gesellschaft zur Rettung Schiffbrüchiger ausschließlich durch private Spenden finanziert; die Spenden von Industriebetrieben sind besonders umfangreich. Der Aufbau und die Unterhaltung dieser wichtigen Lebensrettungsorganisationen sind keine staatlichen Aufgaben. Bürgersinn trägt sie – und das nun schon seit weit mehr als 150 Jahren mit großem Erfolg.

Mich wunderte, dass die Seenotrettungsboote und selbst die Seenotrettungskreuzer relativ kleine Schiffe waren. Wie sollten sie helfen können, wenn Ozeanriesen in Seenot gerieten? Aber es kommt im Seenotrettungswesen besonders darauf an, dass die Kreuzer und Boote flache Gewässer befahren können und sehr starke Maschinen haben, mit denen sie auch viel größere Schiffe schleppen können. Die Seenotretter begannen mit Ruderbooten und Hosenbojen, die vom Land aus mit Raketen zu Schiffen in Not geschossen wurden, um in ihnen Schiffbrüchige bergen zu können. Die Reichweite der Geschosse betrug etwa 500 Meter; das genügte, um die im flachen Wasser von der Brandung bedrohten Havaristen zu erreichen. Hosenbojen sind heute noch im Einsatz, die Deutsche Gesellschaft zur Rettung Schiffbrüchiger verwendet aber meistens Wasserfahrzeuge, um zu Schiffen in Seenot zu gelangen.

Die ersten Seenotrettungsstationen entstanden wohl an den gefährlichen Klippen im Felswatt der Britischen Inseln. William Hutchinson errichtete 1776 bei Liverpool die älteste bekannte Station, von der aus Hilfe für Schiffbrüchige geleistet werden konnte. Im Schlick- und Sandwatt organisierten niederländische Küstenbewohner wenig später die Rettung von Schiffbrüchigen. 1854 sank im Watt vor Spiekeroog das Schiff «Johanne», auf dem 216 Auswanderer nach Nordamerika unterwegs waren. Siebenundsiebzig der Passagiere starben, als das Schiff in der Brandung bei stürmischem Wetter zerschlagen wurde.

So konnte es nicht weitergehen. Nach einer weiteren Strandung im Watt vor Borkum gründete Georg Breusing 1861 den «Verein zur Rettung Schiffbrüchiger an der ostfriesischen Küste» in Emden. 1863 tat Adolph Bermpohl in Bremen Entsprechendes und rief den «Bremischen Verein zur Rettung Schiffbrüchiger» ins Leben. Die Vereine taten sich zusammen und gründeten 1865 die «Deutsche Gesellschaft zur Rettung Schiffbrüchiger»; zum hundertjährigen Jubiläum erschien die bereits erwähnte Briefmarke. Georg Breusing, Adolph Bermpohl und andere lernte ich dann als die klangvollen Namensgeber von als unsinkbar geltenden Seenotrettungskreuzern kennen. Die Berichte über Schiffsrettungen, die für mich Taten von wahren Helden waren, habe ich in jungen Jahren alle gelesen. Als besonders tragisches Ereignis prägte sich mir das Unglück des Kreuzers «Adolph Bermpohl» ein. Am 23. Februar 1967 tobte ein Orkan mit den höchsten jemals gemessenen Windgeschwindigkeiten über der Nordsee. Zahlreiche Schiffe gerieten in Seenot, und die Seenotrettungskreuzer waren im Dauereinsatz. Die «Adolph Bermpohl», auf Helgoland stationiert, eilte einem niederländischen Fischkutter zur Hilfe. Der Einsatz war ungeheuer schwierig, doch den Besatzungen der «Adolph Bermpohl» und ihres Tochterbootes «Vegesack» gelang es zunächst, die niederländischen Fischer zu retten. Für den Weg zurück zum Hafen wählten sie die Route zwischen der Helgoländer Hauptinsel und der Düne genannten Nebeninsel; denn sie bot einigermaßen Schutz vor den extremen Böen. Andererseits galt das Gewässer als sehr gefährlich. In der Nähe des Sellebrunn-Riffs im Helgoländer Felswatt müssen die beiden Boote von einer Grundsee getroffen worden sein; die «Adolph Bermpohl» geriet in eine extreme Schräglage und muss das Tochterboot unter sich begraben haben. Der Leuchtturmwärter von Helgoland hatte kurz vor 19 Uhr noch zwei Lichter ausmachen können. Später waren sie erloschen. Am folgenden Tag fand man den unsinkbaren Seenotrettungskreuzer fast unversehrt mit laufendem Motor auf offener See, und das Tochterboot schwamm kieloben im Meer. Von der Besatzung und den Fischern fehlte aber jede Spur. Man fand später die Leichen dreier Seenotretter, der vierte Mann blieb verschollen. Für die Besatzung der «Adolph Bermpohl» wurde ein Gedenkstein im «Friedhof der Namenlosen» auf der Düne von Helgoland errichtet. Der Seenotrettungskreuzer und das Tochterboot taten weiter ihre Dienste. Das Unwetter von 1967 wurde nach dem verunglückten Kreuzer «Adolph-Bermpohl-Orkan» genannt. Die ums Leben gekommenen Besatzungsmitglieder der «Adolph Bernpohl» fungierten als Namensgeber von weiteren Rettungsbooten, die in den Folgejahren in Dienst gestellt wurden: Paul Denker, H.-J. Kratschke, G. Kuchenbecker und Otto Schülke.

Der größte und leistungsfähigste Seenotrettungskreuzer, die «Hermann Marwede», ist im Hafen von Helgoland stationiert. Weitere neunzehn Kreuzer liegen rund um die Uhr in Häfen an der Nord- und Ostsee bereit für einen Einsatz. Alle haben sie ein Tochter- oder Arbeitsboot mit einem sehr geringen Tiefgang, damit auch in flachen Wattgewässern effiziente Seenotrettung betrieben werden kann. Hinzu kommen etwas mehr als vierzig unterschiedlich große Seenotrettungsboote. Einige von ihnen werden auf Trailern transportiert und von Zugmaschinen auf Land in die Nähe ihrer Einsatzorte transportiert. Sie müssen vor allem im Watt und in anderen Flachwasserbereichen eingesetzt werden können. Auf die Größe der Schiffe kommt es weniger an als auf ihre Motorenleistung und die Eigenschaft, auch in sehr flachen Gewässern unterwegs sein zu können, deren geringe Tiefe man von außen nur schwer erkennt.

Watt in Literatur und Kunst

Meer und Land werden oft wie Schwarz und Weiß gegenübergestellt. Das ist auch in Literatur und Kunst und natürlich auf Landkarten so. Wie sollte es auch anders sein? Jeder Betrachter sieht nur das eine oder das andere. Auf vielen Bildern des Meeres, die Künstler früherer Jahrhunderte hinterlassen haben, branden die Fluten an hohe Felsen, und auf dem Wasser sind Schiffe unterwegs. Die Dünen auf der Nehrung im Westen Hollands sind von den Malern oft überhöht, fast wie Berge dargestellt worden, vielleicht um klarzumachen, dass sie tatsächlich trockene Orte im sonst feuchten oder von Überflutung bedrohten Umfeld sind, wo man sicher leben kann.

Dass es eine Kategorie zwischen Land und Meer gibt, eine amphibische Welt, die mal zum Meer, mal zum Land gerechnet werden kann, ist eine Entdeckung des späten 18. und des 19. Jahrhunderts. Man hatte sich natürlich schon auf die Besonderheiten einer solchen Erdgegend eingestellt, aber erst dann begonnen, das Watt eingehender zu beschreiben.

Der bereits zitierte Reisebericht von Christoph Meiners aus dem Jahr 1788 ist sicher eine der ältesten Beschreibungen des Watts, das hier «Waat» geschrieben wird:

> «Eine kleine Strecke hinter den Dünen kömmt man an das eigentliche Ufer der Elbe, das bey jeder gewöhnlichen Fluth von den herandringenden Gewässern der Nord-See bespült wird. Fünf Viertel-Meile von diesem Ufer liegt in der Mündung der Elbe eine Insel, das neue Werk genannt, die ohngefähr eine Teutsche Meile im Umfange hat. Dieser fünf Viertel-Meilen lange Zwischen-

Raum, der das neue Werk vom festen Lande trennt, und den Namen des Waats führt, wird zur Zeit der Fluth so hoch überflossen, daß mässige Schiffe darüber hinfahren können, und zur Zeit der Ebbe hingegen zieht sich das Wasser so sehr zurück, daß man nicht bloß im Wagen und zu Pferde, sondern auch zu Fuß vom festen Lande an die Insel, und umgekehrt kommen kann. Wenn man also gerade im Anfange der Ebbe in den Dünen anlangt, so hat man fast immer das seltsame Vergnügen, daß man Schiffe, die vorher eben so frey, als auf dem Ocean umhersegelten, einige Stunden nachher auf dem trockenen Sande liegen sieht. Als ich das letztemal in den Dünen war, kam eben ein Insulaner hergefahren, der einige Früchte an das feste Land bringen wollte. Wir fragten ihn, ob er uns in derselbigen Ebbe-Zeit, oder vor der Ankunft der Fluth an die Insel und wieder zurückbringen könnte, und da er dieses bejahete, setzten wir uns so gleich auf seinen Leiter-Wagen, und fuhren rasch auf dem alten Boden des Welt-Meers der Insel zu. Das Waat besteht meistens aus festem Sande, hin und wieder aber doch aus dem so genannten Saug-Sande, in welchen schwere Cörper, wenn sie eine Zeitlang an derselbigen Stelle bleiben, immer tiefer, und tiefer hinein sinken. Um dieser Stellen willen sind die Räder an den Wagen der Insulaner breiter, als gewöhnlich, und auch nicht mit Eisen beschlagen. Gemeiniglich werden die flachen Spuren, die dem Sande durch die Räder eingedrückt werden, von der nächsten Fluth verwischt, oder verschwemmt, allein diesmal als wir herüberfuhren, konnte man noch sehr deutlich die Spuren wahrnehmen, die in der vorhergehenden Ebbe gemacht worden waren. Der nächste und beste Weg von der Insel nach dem festen Lande wird durch kleine in den Sand gesteckte Büschel von schwachen Zweigen, oder gar nur von holzartigen Pflanzen nachgewiesen, die während der Fluth mit zehn, bis zwanzig Fuß tiefem Wasser bedeckt, und doch nicht ausgerissen werden. Während der Ueberfahrt war die Luft heiter, und wir hatten links beständig die Aussicht über das noch nasse und glänzende Waat auf die unbegränzte Nord-See hin, die von der sinkenden Sonne erleuchtet, und wie an den Himmel hinangehoben wurde. So prächtig auch der Anblick der glühenden Wasser-Fläche war, so konnte man ihn doch nicht lange aushalten, und wir würden ihn wahrscheinlich gar nicht haben ertragen können, wenn nicht die Luft mit unmerklichen, den Glanz, und Rück-Glanz der Sonnen-Strahlen mildernden Dünsten angefüllt gewesen wäre. Nach einer Fahrt von einer guten Stunde kamen wir glücklich auf der Insel an. Allein wir hatten kaum Zeit genug, das kleine Eyland zu überschauen, und einen neugierigen Blick in das nahe Welt-Meer zu werfen, indem in wenigen Augenblicken die Insel, das Meer, und das feste Land mit dem Mantel eines dichten Nebels bedeckt wurde. Wir traten also nach einem Aufenthalt von einer kleinen halben Stunde unsere Rück-Fahrt an, und zwar nicht ohne Besorgniß, weil mehrere Bewohner der Insel unsern Fuhr-Mann mit sehr bedenklicher Miene fragten: ob er uns denn noch vor der Fluth wieder an das feste Land liefern wolle? Unter diesen Umständen würden Personen, die mit den Gefahren dieser Fahrt bekannter gewesen wären, als wir es waren, die Rück-Reise wahrscheinlich nicht angetreten haben. Allein wir wagten es auf die Versicherungen unsers Führers, der ein wohlhabender und verständiger Land-Mann von der Insel war, und der uns betheuerte, daß noch gar keine Gefahr da sey, und daß, wenn es gefährlich seyn sollte, wir dieses bey der ersten Vertiefung in dem Waat merken könnten, und alsdann noch immer Zeit hätten, vor der steigenden Fluth nach der Insel zurück zu kehren. Es finden sich nämlich in dem Waat drey Vertiefungen, oder so genannte Prielen, die auch während der niedrigsten Ebbe nie ganz leer von Wasser werden. In diese Prielen dringt die Fluth zuerst ein, und von da breitet sie sich über das übrige Waat aus. Zwar sind die Prielen nicht weit von einander entfernt, allein bey der ankommenden Fluth kann die erste und die zweyte noch durchfahrbar seyn; wenn man aber an die letzte kömmt, so kann in der dritten, und schon in den beyden zurückgelegten das Wasser so zugenommen haben, daß man weder vorwärts, noch rückwärts kann, und in kurzer Zeit in den von allen Seiten heraneilenden Gewässers begraben wird. Es vergehen selten mehrere Jahre, daß nicht eine, oder einige zu kühne oder unvorsichtige Personen auf diese Art bey der Ueberfahrt nach der Insel, oder nach dem festen Lande umkommen sollten. Dies geschieht am leichtesten, wenn ein dicker Nebel, dergleichen wir wirklich hatten, den Fuhrmann oder Reuter den Weg verfehlen macht, oder wenn die Fluth bey heftigen Nord-West-Winden, oder bey Monds-Veränderungen schneller und gewaltiger, als gewöhnlich, eintritt. Bey starken Nord-West-Winden, und zur Zeit der Spring-Fluth brechen die Wogen oft wie Berge, und mit einer Geschwindigkeit heran, daß das schnellste Pferd ihnen nicht zu enteilen im Stande ist. Wir freuten uns daher nicht wenig, als wir an die erste Priele kamen, und noch keinen Zuwachs von Wasser merken konnten, das durch den Ost-Wind aufgehalten wurde: noch mehr aber, als wir die letzte Priele hinter uns hatten, und der plötzlich wieder verschwindende Nebel uns abermals das Schauspiel des von der untergehenden Sonne erleuchteten Meers gewährte.»[29]

Dieser Bericht ist nicht nur deswegen so bedeutend, weil er eine sehr frühe Beschreibung des Schlickwatts ist, sondern weil Johann Wolfgang von Goethe ihn gelesen hat, wie aus einem Tagebucheintrag vom 1. Juni 1812 hervorgeht.[30] Als der Dichter dann auch noch von der Sturmflut vom Februar 1825 erfuhr, die zu den frühen Ereignissen aus dem Küstenraum gehörte, von denen Zeitungen aktuell berichteten, beschloss er, die letzten noch unvollendeten Akte von «Faust II» an der Nordsee spielen zu lassen. Er griff viele Motive von Meiners auf.

Die Sturmflut von 1825 fand aber nicht nur in «Faust II», sondern auch in einem anderen berühmten Werk der deutschen Literatur ihren literarischen Niederschlag: Theodor Storm aus Husum hatte die Sturmflut als Kind erlebt; in seinem erst wenige Monate vor seinem Tod veröffentlichten Spätwerk «Der Schimmelreiter» griff er das Thema auf.[31]

Der weit herumgekommene und äußerst produktive Reiseschriftsteller Johann Georg Kohl (1808–1878) sah vor allem die Menschenfeindlichkeit des Watts. Die todbringende Sturmflut von 1825 war 1846, als Kohls Beschreibung entstand, noch frisch im Gedächtnis.

> «Dieser Wattenstrich steht mit dem Marschstriche, dem er sich so nahe anschließt und der ihm wie der Schatten dem Lichte folgt, im schneidendsten Contraste. Hier in den Marschen ist die üppigste Fruchtbarkeit, der herrlichste Anbau, dort auf den Watten die completeste Wüstenei: hier in den Marschen ein neugewonnener frischer Boden, dort in den Watten das Gerippe uralten, untergegangenen Landes; hier in den Marschen das Walten der raffinirtesten Menschenkunst, dort in den Watten das Schalten roher, zerstörender Naturkräfte; hier in den Marschen die Glockentöne der neugebauten Kirchen und der Jubel zu fröhlichem Besitz gelangter Menschen, dort in den Watten die Todesstille über dem Grabe verschütteter Habe und ertränkter Geschlechter; hier in den Marschen die Furcht vor dem Verluste des Ergriffenen, dort über den Watten die Hoffnung der neuen Auferstehung der Landschaften schwebend. Die Watten sind der 70 Meilen lange Kirchhof der Marschen, und die Marschen sind Koog an Koog ein eben so langer Triumphzug des Menschen über die Natur. Schwerlich giebt es irgend einen zweiten Küstenstrich in Europa, wo seit alten Zeiten so viele Menschen durch das Wasser umkamen.»[32]

Nur wenige Jahre später, 1858, erschien das populär gewordene «Marschenbuch. Land- und Volksbilder aus den Marschen der Weser und Elbe» von Hermann Allmers (1821–1902), in dem das Watt differenzierter erfasst wird. Geschrieben wurde es für «die Menschen jenseits der Berge». Über Watt und Vorland heißt es da:

> «Betreten wir jetzt jenes große, fruchtbare Vorland, die Außendeiche, Groden oder Helder, wie in verschiedenen Marschen

diese Anschwemmungen außerhalb der Deiche genannt werden. Während wir im älteren Marschlande in die Tiefe dringend, verschiedenartige Erdschichten durchschneiden, so begegnen wir in diesen späteren Alluvionen fast immer nur einer einzigen Erdart, reinem, festem Thon, – der höchstens ab und an mit einer kleinen Schicht von Sand oder von Kalk und mit verwitterten Muscheln durchsetzt ist. Fast überall können wir 10, ja 20 Fuß und darüber einbohren, – allenthalben finden wir dieselbe Thonerde. Auch das eigentliche Watt besteht da, wo sich nicht gerade Sandbänke angelagert haben, aus derselben. Das niedere Watt, welches jedesmal von der Fluth bedeckt wird, ist beinahe völlig vegetationslos, außer sehr wenigen und spärlich stehenden Algenarten. Der interessante Blasentang, welcher in der Nordsee in Unmassen vorkommt, fehlt hier, obwohl das Wasser schon sattsamen Salzgehalt besitzt, weil der Felsgrund, dessen derselbe nothwendig braucht, um daran haften zu können, mangelt. Wo indessen durch Zufall ein Stein, ein Anker oder ein Stück Holz in's Watt geraten ist, da stellt er sich sofort ein. Jene feinen, häutigen Algen, eine purpurrothe und eine breitlaubige grüne, die fast unsern Lattigblättern gleicht, sind dafür ziemlich heimisch und bilden hier wie an den Ufern des Süßwassersees die Conferven (Wasserfaden, Wasseralge) es thun, die ersten Anfänge jeder Vegetation. Zur Strandflora können wir sie aber trotzdem nicht füglich zählen; sie gehören offenbar dem Wasser mehr an, als der Erde. Freilich müssen sie ein paar Ebbestunden im Trocknen sein, allein sie liegen dann welk, platt und verschrumpft da und gewinnen nicht eher wieder ihre Schönheit, Farbentiefe und Gestalt, bis das flüssige Element sie von neuem umfluthet. Erst da wo die tägliche Fluth zwar benetzt, aber die Pflanzen nicht ganz bedeckt, beginnt die eigenthümliche Flora, welche wir eben schildern.

Ist überhaupt, wie wir lesen, die Marsch nicht reich an Zahl der Pflanzengeschlechter, so darf die Vegetation unseres Striches in dieser Hinsicht wahrhaft armselig genannt werden. Kaum zählt sie zwölf Genera und selbst nicht viel mehr Species. Eigenthümlich aber und auffallend ist auch sie im höchsten Grade, was nicht befremden darf, wenn man weiß, daß dieser compacte thonige Boden an Jod und Natron so reich ist wie kein anderer Deutschlands. Keins dieser Gewächse ist irgendwie in Schönheit der Gestalt, Farbe und Blüthe oder Lieblichkeit des Duftes ausgezeichnet, fast alle sind unansehnlich mit kleinen grünlichen oder weißen Blumen geschmückt; nur einige zeigen ein mattes Rosa, und eine einzige, die Meerstrandsaster, ein ebenso mattfarbiges Lilas (sic). Ebenso enthält auch nur eine dieser Pflanzenarten wirkliches Aroma, der Seewermuth. Alle anderen sind von einem tiefen oft in's Schmutzigbraune übergehenden Grün und, das ist charakteristisch, die meisten dickfleischig und von seltsam unbestimmter, beinahe unaufhörlich schwankender und abweichender Blattform, dabei mit einem so reichlichen, salzigschmeckenden Safte gefüllt und von so lockerem Zollgewebe (sic; gemeint ist wohl Zellgewebe), daß die meisten getrocknet bis zur Winzigkeit zusammenschrumpfen und tief schwarz werden. Beim Verbrennen liefern alle eine große Menge Kali und gewähren so dem Haushalte des Menschen einen nicht unbedeutenden Nutzen. Freilich ist an unsern deutschen Küsten die Sodagewinnung noch äußerst unbeträchtlich, hat aber auch hier sicher eine Zukunft.

Verlassen wir das kahle Watt, so ist die erste Pflanze, die uns auf dem etwas höheren Boden entgegentritt, zugleich die auffallendste der gesammten Flora. Es ist der sonderbare Krückfuß, Salicornia herbacea, in einigen Gegenden auch Glasschmalz genannt, eine so seltsame Saftpflanze, wie man sie wohl unter den Tropen, schwerlich aber in dem rauhen Norden zu finden vermuthen sollte. Wer diese Pflanze in ihrer ungewöhnlichen Ueppigkeit zum ersten Male erblickt, glaubt eher vor einem Mesembrianthemum Südafrikas oder vor einem Cactus Brasiliens zu stehen als vor einem ehrlichen deutschen Kraute. Dem Cactusgeschlechte Rhipsalis ist unser Krückfuß, seiner äußeren Gestalt nach, ich möchte nicht blos sagen ähnlich, nein, fast auf ein Haar gleich. Man bemerkt an ihm kein Blatt, ein runder Stengel sproßt aus dem andren, und dabei zeigt sich eine solche Saftfülle, daß nur das feine Oberhäutchen und der dünne, drahtförmige innere Stengel zurückbleibt, wenn man die Pflanze mit der Hand drückt, während das Salzwasser in kleinen Strömen ausfließt. Bei Osterstade, namentlich aber in der Bretagne wird diese Pflanze in außerordentlicher Menge gemäht, verbrannt und zur Sodabereitung verwandt. Ebenso die ihr an Salzgehalt nachstehenden Salsola-Arten, welche indeß am deutschen Meeresstrande seltener vorkommen. Der Krückfuß bildet recht eigenthümlich den Uebergang zwischen Wasser- und Landgewächsen; die allerfeuchtesten Stellen der Groden, insbesondere die schlammigen vom Meereswasser, das während der Ebbe zurückbleibt, gebildeten Lachen sind ihre liebsten Standorte.

(…) von der Meeresflora selbst sei hiermit genug gesagt, ist's doch eben eine gar arme und unscheinbare, farb- und duftlose Pflanzenwelt ohne höhere Form! Ueber ihrem, unter Wogengebrause und Seenebel entsprossenen einförmigen Grün singt kein Vögelein sein munteres Frühlingslied, kein bunter Falter umflattert ihre Blüthen, kein summend Bienchen kommt aus ihnen zu nippen, nur Schwärme langbeschwingter Möven und Seeschwalben segeln darüber hin, nur Kibitze, Regenpfeifer, Strandläufer und Stelzfüßler vieler anderen Arten beleben oft zu Tausenden den Strand, sich jagend, beißend, lärmend und im hurtigen Laufen auf den fluthentblößten Banken ihre Beute erhaschend. Nicht einmal der ehrliche Grünfrosch quackt sein Lenzgequack, blos schmutziggraue Strandkrabben huschen, wenn menschliche Tritte nahen, lautlos in die stagnirenden Salzlachen, plumpe Robben sonnen sich auf weitem, ödem Watt.

Und dennoch, welche Poesie umschwebt diese arme Pflanzenwelt! Ist diese doch die erste, die dem Seemanne, dem nach langer, langer Meeresfahrt heimkehrenden, zum freundlichen Willkommen

> entgegen reicht! Wie jubelt sein Herz auf in unsäglicher Lust, wenn er den schmalen Streifen heimathlichen Strandes zuerst erblickt, wie gierig trinkt sein Auge dies liebe, holde Grün der Muttererde, wie hängt es daran in stiller Seligkeit und kann nimmer und nimmer sich satt sehen! Es hat so lange nichts geschaut als das ewige Einerlei von Fluth und Himmelsblau oder Himmelsgrau, sein Ohr nichts vernommen als das *Windgepfeif* im Tauwerk und das eintönige Rauschen der brechenden Wogen am Schiffsbug! – Versunken steht er nun in dem herzerquickenden Anblick.»[33]

Allmers kannte seine Heimat genau, er hatte vielfältige Studien betrieben, bevor er sein Buch schrieb, das voller interessanter Details steckt. Klar wird daraus, dass das Watt und die Marschen völlig andere Welten sind als diejenige der in Mitteleuropa üblichen Vegetation. Eine Bemerkung sei zum Queller gemacht: Er wird von Allmers als Krückfuß oder Glasschmalz bezeichnet. Für den Begriff «Krückfuß» findet man keine Erklärung, außer dass man die geknickten Stängel der Pflanze als Grund für die Findung des Namens ansehen könnte. Besser zu erklären ist der Name Glasschmalz. Denn aus den am Meer wachsenden salzhaltigen Pflanzen kann man Soda gewinnen. Dieses fügte man dem Quarzsand hinzu, aus dem man Glas herstellte. Quarz hat eine sehr hohe Schmelztemperatur, die man durch Hinzufügung von Soda (als Katalysator) herabsetzen kann, was im Altertum die Glasherstellung vielfach erst möglich machte. Aus diesem Grund befanden sich alte Glashütten an den Mittelmeerküsten, etwa an der syrischen Küste oder in Murano bei Venedig.

Bereits einige Jahre vor der Drucklegung des Marschenbuchs, in den Jahren 1853 oder 1854, war das vielleicht berühmteste deutsche Gedicht über das Wattenmeer entstanden, «Meeresstrand» von Theodor Storm (1817–1888), einem Zeitgenossen von Hermann Allmers. Es wird hier in ursprünglicher Rechtschreibung wiedergegeben, die nicht allgemein üblich, aber korrekt ist. Das Gedicht erhält dadurch einen leicht abgewandelten Inhalt, seinen eigentlichen Sinn:

«An's Haf nun fliegt die Möwe,
Und Dämm'rung bricht herein;
Über die feuchten Watten
Spiegelt der Abendschein.

Graues Geflügel huschet
Neben dem Wasser her;
Wie Träume liegen die Inseln
Im Nebel auf dem Meer.

Ich höre des gärenden Schlammes
Geheimnisvollen Ton,
Einsames Vogelrufen –
So war es immer schon.

Noch einmal schauert leise
Und schweiget dann der Wind;
Vernehmlich werden die Stimmen,
Die über der Tiefe sind.»[34]

Theodor Storm musste 1850 seine Heimatstadt Husum verlassen, weil er gegen die Dänen polemisiert hatte; der dänische König war damals noch in Personalunion zugleich Herrscher über die Länder Schleswig und Holstein. Storm bekam keine Zulassung als Rechtsanwalt in Husum, im dänisch beherrschten Gebiet, und ging ins Exil, zunächst nach Potsdam, später nach Heiligenstadt im Thüringer Eichsfeld. In Potsdam verfasste er 1853 oder 1854 sein berühmtes Gedicht, voller Heimweh.

Storm schrieb ursprünglich nicht «Haff», sondern verwendete das identisch ausgesprochene, aber nur mit einem «f» geschriebene Wort «Haf». Damit ist nicht der heute geläufige geographische Begriff eines durch eine Nehrung abgeschlossenen Meeresbereichs gemeint, wie er sich an Küsten mit geringem Tidenhub ausbildet, etwa an der Ostsee. «Haf» ist vielmehr ein niederdeutscher Begriff für das Wattenmeer, der

Begriff «Hav» in der dänischen Sprache ist damit verwandt. Mit bestimmtem Artikel wird das Wattenmeer auf Dänisch als «Vadehavet» bezeichnet. Damit ist nicht die gesamte Nordsee gemeint, die dänisch «Nordsøen» genannt wird.[35]

Storm beschreibt die feuchten Watten, in denen es zu Spiegelungen kommt. Die Halligen liegen gewissermaßen «darüber», ein Eindruck, den man durch Luftspiegelungen und Nebelbänke erhalten kann. Natürlich gärt der Schlamm nicht wirklich, aber es hört sich so an, wenn Wasser im Ebbstrom aus den Watten rieselt und Gase aufsteigen, vor allem der Sauerstoff, der von den Algen abgegeben wird. Dies alles war im 19. Jahrhundert noch nicht genau erklärbar, aber ein landschaftlicher Gesamteindruck von Watt war deutlich, den Storm aus seiner Erinnerung hervorholte. Bedeutsam ist die Bemerkung «so war es immer schon». Damit wurde das ewige Hin- und Herwiegen der Gezeiten beschrieben, das sich, aller politischen Aufregung zum Trotz, in Ewigkeit fortsetzte.

Die Stimmen aus der Tiefe könnten die bei Sturmfluten ertrunkenen Menschen sein, zu denen angeblich auch die Kirchenglocken hinzutraten. Doch die Menschen kamen nicht in großer Tiefe ums Leben, sondern in der Brandung der Sturmfluten. Die Sage vom Untergang Rungholts zeichnete wohl zum ersten Mal der Philologe Karl Müllenhoff (1818–1884) auf; sein Buch «Sagen, Märchen und Lieder der Herzogthümer Schleswig, Holstein und Lauenburg» erschien 1845.[36] Gotteslästerliches Benehmen der Bewohner von Rungholt soll zu der Katastrophe geführt haben. Dazu verfasste Detlev von Liliencron (1844–1909) 1883 ein berühmt gewordenes Gedicht.

«Heut bin ich über Rungholt gefahren,
Die Stadt ging unter vor sechshundert Jahren.
Noch schlagen die Wellen da wild und empört,
Wie damals, als sie die Marschen zerstört.
Die Maschine des Dampfers schütterte, stöhnte,
Aus den Wassern rief es unheimlich und höhnte:
Trutz, Blanke Hans!

Von der Nordsee, der Mordsee, vom Festland geschieden,
Liegen die friesischen Inseln im Frieden.
Und Zeugen weltenvernichtender Wut,
Taucht Hallig auf Hallig aus fliehender Flut.
Die Möwe zankt schon auf wachsenden Watten,
Der Seehund sonnt sich auf sandigen Platten.
Trutz, Blanke Hans!

Mitten im Ozean schläft bis zur Stunde
Ein Ungeheuer, tief auf dem Grunde.
Sein Haupt ruht dicht vor Englands Strand,
Die Schwanzflosse spielt bei Brasiliens Sand.
Es zieht, sechs Stunden, den Atem nach innen
Und treibt ihn, sechs Stunden, wieder von hinnen.
Trutz, Blanke Hans!

Doch einmal in jedem Jahrhundert entlassen
Die Kiemen gewaltige Wassermassen.
Dann holt das Untier tief Atem ein,
Und peitscht die Wellen und schläft wieder ein.
Viel tausend Menschen im Nordland ertrinken,
Viel reiche Länder und Städte versinken.
Trutz, Blanke Hans!

Rungholt ist reich und wird immer reicher,
Kein Korn mehr faßt der größeste Speicher.
Wie zur Blütezeit im alten Rom,
Staut hier täglich der Menschenstrom.
Die Sänften tragen Syrer und Mohren,
Mit Goldblech und Flitter in Nasen und Ohren.
Trutz, Blanke Hans!

Auf allen Märkten, auf allen Gassen
Lärmende Leute, betrunkene Massen.

Sie ziehn am Abend hinaus auf den Deich:
‹Wir trotzen dir, blanker Hans, Nordseeteich!›
Und wie sie drohend die Fäuste ballen,
Zieht leis aus dem Schlamm der Krake die Krallen.
Trutz, Blanke Hans!

Die Wasser ebben, die Vögel ruhen,
Der liebe Gott geht auf leisesten Schuhen.
Der Mond zieht am Himmel gelassen die Bahn,
Belächelt der protzigen Rungholter Wahn.
Von Brasilien glänzt bis zu Norwegs Riffen
Das Meer wie schlafender Stahl, der geschliffen.
Trutz, Blanke Hans!

Und überall Friede, im Meer, in den Landen.
Plötzlich wie Ruf eines Raubtiers in Banden:
Das Scheusal wälzte sich, atmete tief,
Und schloß die Augen wieder und schlief.
Und rauschende, schwarze, langmähnige Wogen
Kommen wie rasende Rosse geflogen.
Trutz, Blanke Hans!

Ein einziger Schrei – die Stadt ist versunken,
Und Hunderttausende sind ertrunken.
Wo gestern noch Lärm und lustiger Tisch,
Schwamm andern Tags der stumme Fisch.
Heut bin ich über Rungholt gefahren,
Die Stadt ging unter vor sechshundert Jahren.
Trutz, Blanke Hans?»[37]

Dieses Gedicht enthält Reflexionen über eine Katastrophe, die historisch stattfand, in ihren Auswirkungen aber sicher überschätzt wurde. Eine Fahrt über Rungholt ist nur bei hohem Wasserstand und in einem Schiff mit sehr geringem Tiefgang möglich. Siedlungsspuren, die von Rungholt stammen könnten, liegen bei niedrigem Wasserstand frei im Watt und können zu Fuß vom Land aus aufgesucht werden. Der Bauer Andreas Busch (1883–1972) aus Nordstrand erforschte diese Siedlungsspuren eingehend.[38] Andere setzten sein Werk fort.

Gemälde, die das Watt zum Thema haben, sind erst spät entstanden. Der in Hamburg lebende Kunsthistoriker Wilhelm Niemeyer (1874–1960) glaubte den Maler Oluf Braren (1787–1839) als denjenigen identifizieren zu können, der sich bereits frühzeitig mit dem Wattengebiet künstlerisch auseinandergesetzt hatte. Braren kam von der Insel Föhr, malte aber eher Porträts als Landschaften (siehe Tafel 10). Doch Niemeyer sah die Farben der nordfriesischen Inselwelt in den Porträts reflektiert: «Der Künstler Braren ist im innersten Kreis seines Schaffens Bildnismaler, und seine Bildnisanschauung hat ihren unmittelbaren Ursprung in seiner Naturbetrachtung.»[39] Niemeyer publizierte sein Buch über Braren wenige Jahre nachdem das erste Buch über Caspar David Friedrich erschienen war, der stark auf die Wahrnehmung von Landschaft an der Ostsee eingewirkt hatte.[40] Friedrich hatte die Kreidefelsen von Rügen und die Boddenlandschaft gemalt, die heute Nationalparks sind, wohl nicht vorrangig wegen ihrer Biodiversität, sondern deswegen, weil sie einmal von einem Künstler als bemerkenswerte Landschaften dargestellt worden waren. Das Buch über Oluf Braren erschien in fast dem gleichen ungewöhnlich monumentalen Format wie das Buch über Caspar David Friedrich, was die von Niemeyer verfolgte Absicht der Publikation verdeutlichen mag. Glaubte er, denjenigen Maler gefunden zu haben, der das Bild der Nordsee etwa so prägte, wie Friedrich dies mit der Ostsee gelang?

Niemeyer hatte aber vermutlich keine Kenntnis von Heinrich Gätke (1814–1897), den man sehr wohl als einen Maler bezeichnen könnte, der das Watt entdeckte (siehe Tafel 11). Gätke war mit Theodor Fontane verwandt, Schüler von Carl Blechen und verbrachte den größten Teil seines Lebens auf Helgoland. Dort malte er das Watt, ging dann aber vor allem dazu über, Vögel darzustellen, die ihn als Lebewesen des Watts besonders faszinierten. Gätkes Beschäftigung mit Vögeln war einer der Gründe dafür, die heute weit bekannte Vogelwarte Helgoland zu gründen. Auch den Begriff «Vogelwarte» hat er geprägt.[41]

In der gleichen Zeit, in der er über Braren schrieb, setzte sich Niemeyer auch für junge Maler ein, die aktuell an der Nordsee malten. 1921/22 gab er gemeinsam mit Rosa Schapire (1874–1954), ebenfalls Kunsthistorikerin, die expressionistische Zeitschrift «Kündung» heraus, in der Bilder von Karl Schmidt-Rottluff (1884–1976) abgedruckt wurden. Schmidt-Rottluff und weitere expressionistische Maler verbrachten damals die Sommer in Dangast am Jadebusen, einem der Punkte, die nach den mittelalterlichen Sturmfluten eine Steilküste zur Geest erhalten hatten und von wo aus man das Watt weithin überblicken kann. Auch Emil Nolde (1867–1956), der auf seinen Bildern das Watt- und Marschgebiet darstellte (siehe Tafel 12), wurde gefördert. Die Freundschaft zwischen Rosa Schapire und Emil Nolde zerbrach allerdings wegen dessen antisemitischer Haltung – Rosa Schapire war Jüdin. Niemeyer förderte dann vor allem den Maler Franz Radziwill (1895–1983), der sich in Dangast am Jadebusen niederließ.[42]

Authentische Darstellungen des Felswatts stammen von Claude Monet (1840–1926), der die Steilküste von Étretat in Nordfrankreich malte (siehe Tafel 13). Faszinierend daran sind nicht nur die malerischen Felsformationen, sondern auch dass der Maler die Farbe des Algenbewuchses im oberen Eulitoral frappierend genau traf: das besonders frische Grün des zur Gattung Ulva gehörenden Darmtangs und der winzigen Grünalge Blidingia.[43]

Franz Schensky (1871–1957) lebte als Fotograf auf Helgoland und gilt als wichtiger Fotopionier. Er schuf einerseits beeindruckende Schwarz-Weiß-Bilder vom Felswatt, andererseits nahm er Organismen im Helgoländer Seewasseraquarium auf. Seine Fotos erfüllen höchste ästhetische Ansprüche (siehe Tafel 14).[44]

Erwähnt sei hier noch James Krüss (1926–1997), der bekannte Kinderbücher über Helgoland, das Felswatt und seine Menschen schrieb.

Ferien und Forschung im Watt und am Meer

Georg Christoph Lichtenberg (1742–1799) und der zu seinen Schülern zählende Christoph Wilhelm Hufeland (1762–1836) setzten sich dafür ein, nach Vorbildern etwa in England und Frankreich an der Nordseeküste Seebäder einzurichten, und wiesen darauf hin, dass die salzhaltige Luft Keime abtöten kann. Das erste deutsche Seebad wurde aber nicht an der Nordsee, sondern in Heiligendamm an der Ostsee 1793 gegründet, wo der Salzgehalt des Meeres und also auch der Luft geringer ist. Wegen der an der Ostsee fast überhaupt nicht feststellbaren Tiden dehnen sich weite Sandstrände an Nehrungen und Ausgleichsküsten aus. An Küsten, die von Tiden beeinflusst sind, sind die Voraussetzungen für die Einrichtung von Seebädern vielerorts weniger günstig, weil die Sandstrände schwieriger zu erreichen sind. In der Deutschen Bucht an der Nordsee liegen viele breitere Strände auf Barriere-Inseln, Platen oder Sandbänken. Insgesamt bilden sie das Sandwatt.

Das Schlickwatt konnte man eindeichen und die Flächen landwirtschaftlich nutzen, so dass man dort dauerhaft leben konnte. Das Sandwatt war bis zum 18. Jahrhundert wohl nur von Fischern aufgesucht worden, die von dort aus auf Fangfahrt gingen. Dauerhaft leben konnte man dort nicht. Auf dem lockeren Sand der Inseln ließ sich kaum etwas anbauen. Es mangelte ihm an Mineralstoffen, und vor allem wurde zwischen dem lockeren Sand kein Wasser festgehalten; es versickerte sofort. Nur wenige Pflanzen konnten die erhebliche Trockenheit überstehen, und man legte allenfalls kleine Inselgärten an, aber keine größeren Felder, auf denen Nahrungspflanzen angebaut wurden.

1797 wurde dann aber doch das erste deutsche Inselbad an der Nordsee eingerichtet – nur wenige Jahre später als das an der Ostsee: auf Norderney. Wie schwer es zu erreichen war, zeigt sich darin, dass 1832 aus dem Rheinland kommenden Gästen zur Anreise empfohlen wurde: «Sie reisen am besten mit dem auf dem Rhein fahrenden Dampfschiff nach Rotterdam, von dort nach Amsterdam zu Lande; von Amsterdam fährt dreimal wöchentlich ein Dampfer über die Zuidersee nach Harlingen, von wo man dreimal täglich durch Wagen oder Zugschiffe nach Groningen oder Delfzijl gelangen kann. Von hier fahren täglich Schiffe nach Emden, von da kommt man mit dem Wagen nach Norden und Norddeich.»[45] Wie lange eine derart strapaziöse Reise wohl gedauert haben mag?

Nach und nach entstanden Unterkünfte für jeden Geschmack, selbst für den König von Hannover, zu dessen Herrschaftsgebiet Norderney nach dem Wiener Kongress 1815 gehörte. Auf anderen Inseln folgte man diesem Beispiel, und in den folgenden Jahrzehnten wurden nicht nur weitere Seebäder gegründet, sondern man schuf auch bessere und kürzere Reisewege, indem man Fahrrinnen ausbaggerte und Häfen anlegte. Die Inseln waren schwer zu versorgen, sämtliche Lebensmittel mussten (und müssen bis heute) dorthin gebracht werden. Sogar Fisch wird dort kaum noch angelandet. Was auf den Sandinseln einzig verfügbar ist, ist Trinkwasser, das in bester Qualität im Untergrund der Dünen gespeichert ist; es muss aber verantwortungsbewusst bewirtschaftet werden. Süßwasser schwimmt auf schwererem Salzwasser, das in die Dünen eindringen kann, wenn zu viel Süßwasser entnommen wird. Und dadurch würden die Dünen zerstört werden, denn deren Vegetation kann Salzwasser nicht vertragen.

Die Schwierigkeiten bei der Zugänglichkeit und der Versorgung führten dazu, dass im 19. und auch noch im frühen 20. Jahrhundert das Sandwatt an der deutschen Nordseeküste, und auch auf den Westfriesischen Inseln in den Niederlanden, noch nicht von zahlreichen Feriengästen genutzt wurde – wie das an Stränden in England, Frankreich, auch in den westlichen Niederlanden und Dänemark rasch populär geworden war. In Deutschland und benachbarten Ländern verbrachte man dagegen seine Ferien im Gebirge, vor allem im Wald, was wiederum in Frankreich und England unüblich war.

Auf dem Festland gelegene Seebäder waren besser zu erreichen und daher leichter einzurichten. Ostende an der belgischen Küste, bereits früh ein beliebtes Seebad, war schon 1838 mit der Eisenbahn zu erreichen. In den westlichen Niederlanden gab es in der ersten Hälfte des 19. Jahrhunderts einige bekannte Orte, die man zum Baden aufsuchte, etwa Scheveningen und Zandvoort. Max Liebermann (1847–1935) malte viel an den Stränden der niederländischen Westküste und folgte dabei Vorbildern der französischen Impressionisten und ihrer Vorläufer, die das in Mode kommende Leben an den Stränden dargestellt hatten, etwa Eugène Boudin (1824–1898) und Édouard Manet (1832–1883).

Der einzige Ort in Deutschland, an dem ein breiter Sandstrand auf dem Festland einfach zu erreichen war, ist Cuxhaven. Dort stößt die Nordsee an die Geestkante; und dort wird immer wieder Sand in die Meeresströmungen eingeleitet, der sich vor der Küste absetzt, so dass ein breiter Sandstrand und ein ausgedehntes Schlickwatt bestehen. Allerdings sind die Tidenhübe sehr hoch, das Meer zieht sich aus einem weiten Bereich von Sand- und Schlickwatt während der Ebbe zurück, so dass man kaum schwimmen kann. Amandus Augustus Abendroth (1767–1842), Hamburger Senator und später Bürgermeister, gründete dennoch 1816 das Seebad Cuxhaven – und das mit großem Erfolg.

1890 wurde Helgoland deutsch; zuvor hatte es zu England gehört. Nun gab England das kleine Eiland auf, und Deutschland verzichtete auf Ansprüche auf Sansibar. Der Hamburger Reeder Albert Ballin erkannte die Möglichkeiten, den Tourismus im Wattenmeer an der Nordsee zu fördern. Sehr bald nach dem Staatenwechsel Helgolands richtete er einen Seebäderverkehr seiner Reederei nach Helgoland ein, dem einzigen Ort in Deutschland mit einem Felswatt, und von dort aus weiter ins Sandwatt von Wittdün auf Amrum, Wyk auf Föhr und Hörnum auf Sylt. Von Wittdün aus wurde ebenso wie von Hörnum eine Inselbahn gebaut, die andere Orte der Inseln Amrum und Sylt von den Häfen aus erschlossen.

Sylt konnte man mit einer weiteren Fähre erreichen, die von Hoyerschleuse bei Tondern aus verkehrte. Nach dem Ersten Weltkrieg wurden beide Orte dänisch; Fahrgäste, die über Dänemark nach Sylt reisten, brauchten ein Visum. Später stellte die Fähre ihren Betrieb ein, und es musste eine neue Möglichkeit gefunden werden, Sylt als größte deutsche Nordseeinsel zu erschließen. Man beschloss, den Hindenburgdamm zu bauen, um eine direkte Eisenbahnverbindung vom Festland aus nach Westerland zu schaffen. Der Damm führt mitten durchs Watt; man legte ihn aber gewissermaßen an die Wasserscheide der Priele hinter Sylt: Nördlich des Damms fließt das Wasser des Ebbstromes um den Lister Ellenbogen ab, die Nordspitze der Insel, südlich des Damms um Hörnum. Das Gewässersystem östlich der Insel wurde dennoch erheblich verändert; möglicherweise hat der Bau des Hindenburgdamms den Landabbruch an der Südspitze der Insel ausgelöst.

An der Westküste Schleswig-Holsteins konnte man hinter einer großen Sandbank die Halbinsel Eiderstedt frühzeitig eindeichen; dort war eine Erschließung auf festem sandigem Untergrund auf dem Strandwall möglich. Der Strandwall hatte sich möglicherweise vor der bei den mittelalterlichen Sturmfluten untergegangenen Geest Nordfrieslands gebildet und die Überflutungen überdauert.

Aber auch Sankt Peter und der Ortsteil Ording waren nicht leicht zu erreichen. Erst 1932 wurde die Bahnlinie dorthin fertiggestellt, die es einem Massenpublikum ermöglichte, an das westliche Ende der Halbinsel Eiderstedt und zu den dortigen weiten Sandstränden zu gelangen. Schon länger gab es eine Bahnlinie von Husum nach Tönning. Sie war bereits 1854, in dänischer Zeit, gebaut worden, um eine rasche und effiziente Verbindung von Flensburg (an der Ostsee) nach Tönning (an der Nordsee) besonders für den Gütertransport herzustellen. Diese Strecke wurde zunächst 1892 nach Garding verlängert, von dort ging es mit Kutschen, später mit Omnibussen weiter nach Sankt Peter. Doch das Seebad wurde immer beliebter, so dass man die Linie nach Sankt Peter-Ording weiterführte. Beim Bau der Eisenbahnlinie achtete man genauso wie beim Straßenbau übrigens darauf, möglichst weitgehend den zentralen Strandwall von Eiderstedt zu nutzen. Nur für kurze Stücke verläuft die Bahnlinie durch die Marsch mit ihrem weicheren Baugrund. Ein Hindernis für die Strecke ist allerdings bis heute der Kopfbahnhof, der in Tönning geschaffen wurde. Er ergab sich aus der alten Streckenführung der Häfen verbindenden Bahn, die direkt bis an die Mole von Tönning geführt wurde.

Schon vor dem Eisenbahnbau, 1911, wurde der erste der charakteristischen Pfahlbauten auf der Sandbank von Sankt Peter-Ording errichtet. Die mehrere Meter langen Stelzen erlauben eine sichere Unterbringung von Inventar und die Einrichtung einer Gastronomie auf der Sandbank. Der erste Pfahlbau erhielt den Namen «Giftbude», ein altmodischer niederdeutscher Name für eine Gaststätte, in der es etwas «gift» oder «gibt». Heute ist die «Arche Noah» der bekannteste Pfahlbau von Sankt Peter. 1926 wurde die Seebrücke errichtet, auf der man das festlandsnahe Sietland überqueren kann: Hier bleibt wegen der niedrigen Lage immer wieder Wasser stehen, über das man trockenen Fußes nur auf einer Brücke gelangen kann.

Im Norden der Sandbank, auf der sich Dünen entwickelt haben, berühren sich der fossile Strandwall, der Eiderstedt von West nach Ost durchzieht, und der aktuelle Strandwall, zu dem die Sandbank gehört. Dies verschafft sowohl der aktuellen Sandbank als auch dem jahrtausendealten fossilen Strandwall besondere Stabilität gegenüber den anbrandenden Fluten des Meeres.

Immer wieder wird Kritik laut, dass man – wie auch an manchen Orten in Dänemark – auf der Sandbank sein Auto parken darf. Dadurch wird der Sand verdichtet. Andererseits bringt die Lösung des Parkproblems durch den Strandparkplatz auch Vorteile mit sich, denn durch den Autoverkehr ausgelöste Bodenverunreinigungen können im Sandboden besser gereinigt werden als im Klei der Marschen, in denen allgemein weniger günstige Bedingungen für die Reinigung und Gewinnung von Trinkwasser bestehen.

Beliebte Ferienorte liegen auch in der Marsch, beispielsweise Büsum im Westen Dithmarschens. Dort spülte man 1904 einen Sandstrand auf; andernorts folgte man diesem Beispiel. Büsum ist außerdem ein wichtiger Hafen für die Krabbenfischerei. Eine große Menge an

Kuttern hat dort ihren Heimathafen, Fangschiffe aus anderen Häfen an der deutschen und niederländischen Nordseeküste machen dort regelmäßig fest. Vom Büsumer Hafen aus gibt es außerdem eine Fährverbindung quer durch die Wattengewässer nach Helgoland.

Häfen, von denen aus das Wattenmeer erreicht werden kann, gibt es außerdem beispielsweise in Norddeich, Hooksiel, Wilhelmshaven, Dorum und Husum. In diesen Orten kann man auch seine Ferien verbringen und baden, zum Teil vom grünen Strand der Marschen und Salzwiesen aus. Cuxhaven und Umgebung, Dorum, Husum und viele andere Orte sind Ausgangspunkte für ausgedehnte Wanderungen durch das Schlickwatt, die sich großer Beliebtheit erfreuen.

Zur gleichen Zeit, in der die Nordseeküste zur beliebten Ferienregion wurde, entstanden dort auch meeresbiologische Forschungsstationen. Die Meeresbiologie entwickelte sich seit der zweiten Hälfte des 19. Jahrhunderts zu einem sehr wichtigen Forschungszweig. Unter anderem ging es um die Systematik der Organismen, die viel stärker verzweigt ist als bei Landlebewesen: Das Leben entstand im Wasser; viele Gruppen von Organismen brachten keine Landlebewesen hervor, sondern blieben in ihrer Verbreitung auf das Meer beschränkt. Wichtige entwicklungsbiologische Fragen lassen sich nur bei Betrachtung der Meeresorganismen klären. Und auch für die Entwicklung der Ökologie leistete die Meeresbiologie Bahnbrechendes. Erstmals wurden Lebensgemeinschaften oder Biozönosen im Meer beschrieben und erforscht; der Begriff wurde von Karl August Möbius in die Ökologie eingeführt, er entstand, wie bereits erwähnt, auf der Grundlage von Untersuchungen im Wattenmeer der Nordsee.

Nicht nur für die Forschung spielt die Meeresbiologie eine bedeutende Rolle, sondern auch für die Lehre an Hochschulen. Kaum in einem anderen Ökosystem können Biodiversität und Ökologie so gut demonstriert und von Studierenden untersucht werden wie im Meer. Höchst anschaulich lassen sich insbesondere im Wattenmeer Zusammenhänge zwischen physischen Gegebenheiten (Dauer der Wasserbedeckung, unterschiedliche Salzgehalte usw.) und der Ausprägung der Lebenswelt verdeutlichen.

Die älteste meeresbiologische Forschungsstation wurde im Felswatt der Bretagne geschaffen, und zwar 1859 von Jean Victor Coste (1807–1873) in Concarneau in der Nähe des Kaps Finistère. Coste hatte sich nach einem Medizinstudium mit der Züchtung von Süßwasserfischen befasst. Im Jahr der Gründung seiner meeresbiologischen Station wandte er sich Fragen der Ökologie und künstlichen Schaffung von Austernbänken zu, die er bei Arcachon in der Biscaya, südlich von Bordeaux, untersuchte.

Die zweitälteste meeresbiologische Station liegt nicht im Wattenmeer, sondern am Mittelmeer: Das berühmte Institut von Anton Dohrn in Neapel entstand ab 1870. Weitere Forschungseinrichtungen wurden wiederum an Küsten von Wattgebieten gegründet: 1872 in Roscoff, ebenfalls im Felswatt im tidebeeinflussten Bereich der Bretagne gelegen. 1876 etablierte man zunächst provisorisch eine Station der Nederlandse Dierkundige Vereniging in Vlissingen. Der provisorische Charakter der Station wird durch ihren Namen verdeutlicht. Sie wurde nämlich als «de Keet» (Baracken) bezeichnet. Von dort aus wurden Expeditionen in den gesamten Wattenmeerbereich durchgeführt, unter anderem nach Helgoland. 1890 zog das Institut in ein viel größeres und repräsentatives Gebäude in Den Helder um.

Zur gleichen Zeit wurden meeresbiologische Forschungsstationen in Norwegen und Großbritannien in der Nachbarschaft zum Felswatt eröffnet. Und auch in Deutschland entstand eine von Anfang an bedeutende Station, die Biologische Anstalt auf Helgoland, ebenfalls am Felswatt. Sie wurde 1892 eröffnet, also nur zwei Jahre nachdem die Insel in der Nordsee deutsch geworden war. Hinzu kam 1924 eine weitere Station in List auf Sylt, wo Karl August Möbius bereits 1877 die Austern und ihre Biozönose untersucht hatte. Möbius war seit 1868 auch an der französischen Atlantikküste gewesen, um sich über dortige Austernvorkommen zu informieren.

Im Zentrum des Interesses der meisten Forschungsstationen stand die enorme Vielfalt der Meeresfauna. Auf Helgoland wurde 1902 ein erstes Meerwasseraquarium eröffnet. Aber auch die Botanik wurde von Anfang an eingehend untersucht. Paul Kuckuck (1866–1918) wurde als Assistent für Botanik an die Biologische Anstalt Helgoland berufen.

Schon während seines Studiums war Kuckucks ungewöhnliches Talent aufgefallen, mikroskopische Zeichnungen anzufertigen. Am Botanischen Institut der Universität Kiel wurde er Mitarbeiter am «Atlas Deutscher Meeresalgen», der von Johannes Reinke herausgegeben wurde.[46] Die biologische Forschung in Kiel wurde stark von Karl August Möbius geprägt, dem bedeutenden Zoologen und Ökologen. Möbius war die Popularisierung von Spitzenforschung wichtig, stets hatte er die Bedeutung von wissenschaftlichen Resultaten für die Schule im Sinn. Von ihm soll der Ausspruch stammen: «Wer schwer verständlich schreibt, hat keine klare Einsicht in das, was er anderen mitteilen will.» Ähnliche Ziele verfolgte Paul Kuckuck. Er verfasste nicht nur ein bei seinem Tod noch unvollendetes Werk über die Algengruppe der Ectocarpaceen[47], sondern schrieb auch einen frühen populären Führer über die Nordsee und vor allem über Helgoland[48]. Zuvor hatte er bereits eine sehr bekannt gewordene Darstellung der Pflanzen und Tiere des Watts in der Nordsee vorgelegt, die wohl die erste ihrer Art in Deutschland ist: «Der Strandwanderer»[49] wurde ein populäres Bestimmungsbuch; es erschien in mehr als zehn Auflagen.

Zum ersten Mal gedruckt wurde Kuckucks Standardwerk 1905 mit großartigen Bildern des Malers Julius Braune. Er starb noch in jungen Jahren kurz nach Vollendung der Abbildungen und erlebte das Erscheinen des Buches nicht mehr. Die ersten Jahre des 20. Jahrhunderts waren für die Popularisierung von Natur- und Landschaftsthemen eine aufregende Zeit. 1904 wurde der Deutsche Heimatbund gegründet, in den Folgejahren bis zum Ersten Weltkrieg entstanden die Heimatbünde in mehreren deutschen Ländern. 1906 fand die Jahrhundertausstellung deutscher Kunst in Berlin statt, auf der viele Werke der Landschaftsmalerei erstmals vor großem Publikum gezeigt wurden, darunter auch Gemälde von Caspar David Friedrich.

Paul Kuckuck wusste dies alles. Er lud immer wieder Fachkollegen und andere Wissenschaftler zu sich ein, um allgemeine Fragen der Natur- und Geisteswissenschaft zu diskutieren,[50] auch Möbius und

Reinke befassten sich vor allem im Alter mit geisteswissenschaftlichen, vor allem naturphilosophischen Fragen. Dabei muss Kuckuck auch den Vater der ersten Frau meines Großvaters Kurt Saucke kennengelernt haben, den Arzt und Psychologen Georg Sommer. In der Bibliothek meiner Familie findet sich dafür ein interessantes Dokument: ein Exemplar des Buches «Der stille Garten. Deutsche Maler aus der 1. Hälfte des 19. Jahrhunderts», eingeleitet von dem bekannten Kunsthistoriker Max Sauerlandt, in dem Bilder von Malern präsentiert sind, die auch in der Jahrhundertausstellung in Berlin gezeigt wurden.[51] Der Band, im Frühjahr 1908 erschienen, wurde mit einer handschriftlichen Widmung versehen: «Herrn Dr. G. Sommer zur freundlichen Erinnerung. Helgoland, den 15. August 1908. P. Kuckuck».

Viele Feriengäste erwarben Kuckucks Buch «Der Strandwanderer» und lernten damit Pflanzen und Tiere an der Nordsee kennen. Sein Titel ist zwar klangvoll, aber sachlich nicht ganz korrekt. Insbesondere die Algen lassen sich nur dann am Strand finden, wenn sie vom Felsenuntergrund abgerissen sind. Und wandern kann man nur am sandigen Strand, aber nicht im steinigen Felswatt, in dem die großen Algen zu finden sind. Eigentlich müsste ein Bestimmungsbuch zu den Organismen im Watt eindeutiger zu den Unterschieden der Standorte Bezug nehmen. Im Felswatt findet man ganz andere Pflanzen und Tiere als im Sand- und Schlickwatt. Bis fast auf den heutigen Tag blieb der «Strandwanderer» ein geschätztes und viel gekauftes Buch, weitere Bestimmungsbücher kamen vor allem in den letzten Jahrzehnten hinzu. Aber überall bestehen die gleichen Probleme, dass die einzelnen Bereiche des Watts nicht getrennt voneinander vorgestellt werden und nicht klar festgelegt ist, was der Strand ist: Kann er felsig sein, gehören das Schlickwatt und die Salzwiese dazu?

Eine neue Form der Nutzung von Häfen am Wattenmeer

Immer wieder muss in diesem Buch die Zeitschiene als gliederndes Element verlassen werden. Zwar geht es im folgenden Kapitel vor allem um Entwicklungen jüngerer Zeit, der zweiten Hälfte des 20. Jahrhunderts, aber am Beginn steht ein zeitlicher Rückgriff.

Vor allem bei Niedrigwasser gibt es im gesamten Watt Stellen mit nur geringer Wassertiefe, die ausschließlich von kleineren Schiffen passiert werden können. Im Zeitalter der Segelschifffahrt liefen die Schiffe zwar Gefahr, im Bereich von Untiefen zu stranden, aber bei Wassertiefen von etwa zwei Metern kamen die Segler in die Häfen rings um das Wattenmeer. Mit ihrem aus heutiger Sicht geringen Tiefgang passierten die Schiffe auch die Ozeane; sie konnten allerdings nur bescheidene Lasten transportieren. Typische Frachten waren Gewürze und edle Metalle, Getreide, Tee und Kaffee, tropisches Holz und Salz; davon wurden sowieso nur kleine Mengen transportiert, oder man lud nur wenig davon in die Frachträume.

Im 19. Jahrhundert änderten sich die Verhältnisse von Grund auf, als immer mehr Dampfschiffe gebaut wurden. Die Dampfer erhielten einen Rumpf aus Stahl, und sie konnten einen erheblich größeren Tiefgang haben. Im späten 19. und frühen 20. Jahrhundert setzten umfangreiche Baggerarbeiten ein, in deren Rahmen die Gewässer im Watt, vor allem in den Ästuaren von Elbe und Weser, erheblich vertieft wurden. In der Mitte des 20. Jahrhunderts war der zeitweise größte Hafen der Welt, der Hamburger Hafen, über ein mindestens zehn Meter tiefes Fahrwasser erreichbar. Ein Jahrhundert zuvor hatte ein zwei Meter tiefes Fahrwasser noch ausgereicht. Damals konnte man noch von einem Gewässer quer durchs Watt sprechen, nun bestand ein großer Unterschied zwischen den Wattflächen und den tiefen Gewässerbahnen, die sie durchzogen.

Die Baggerarbeiten in den Ästuaren sind keine einmaligen Aktionen, sondern müssen dauerhaft fortgesetzt werden. Vor allem die Flussströmung bringt immer wieder neuen Sand aus dem Hinterland mit, der sich durch den von der Flutströmung des Meeres ausgehenden Stau am Boden des Ästuares immer wieder erneut absetzt. Eine Flussmündung versandet bald, wenn nicht mehr gebaggert wird.

Die Transformation der Schifffahrt vom Segler zum Dampfer brachte nicht nur völlig neue, große Werftanlagen, neue Häfen und die Ausbaggerung der Fahrwässer mit sich. Man benötigte auch Landverkehrswege für den Transport gewaltiger Mengen an Kohle von den Bergwerken im Ruhrgebiet in die Häfen. Die Entfernungen zwischen Steinkohlebergwerken und Häfen waren in Deutschland erheblich größer als in England, von wo die Transformation ihren Ausgang genommen hatte. Und es musste Stahl «gekocht» werden, aus dem die Schiffskörper hergestellt wurden; da man zur Stahlproduktion mehr Kohle als Eisen braucht, entstanden die Stahlhütten idealerweise in der Nähe der Kohlebergwerke, also ebenfalls im fern von den deutschen Seehäfen gelegenen Ruhrgebiet. In der heute unvorstellbar kurzen Zeit der Jahre 1870 bis 1874 baute man eine über 350 Kilometer lange Bahnlinie vom Ruhrgebiet nach Hamburg. Das Unternehmen wurde durch die 1866 erfolgte Annexion des Landes Hannover durch Preußen und durch die Schaffung des Zweiten Deutschen Kaiserreiches erleichtert. Nach dem Sieg über Frankreich 1871 strömten große finanzielle Mittel ins Land, die für die Stärkung der Infrastruktur verwendet werden konnten. Die Tag und Nacht von zahlreichen Zügen genutzte Eisenbahnstrecke vom Ruhrgebiet nach Hamburg wurde als «Rollbahn» bezeichnet. Über sie wurden Kohle und Stahl auf direktem Weg zu den Häfen der Nord- und Ostsee, nach Bremen, Hamburg und Kiel, Bremerhaven, Lübeck und anderen Orten, geliefert.

Hinzu kam 1869 der Marinehafen von Wilhelmshaven, der seinen Namen zuerst vom preußischen König, dann von Kaiser Wilhelm I. erhielt. Wilhelmshaven liegt nicht an einem Ästuar; der Hafen konnte deswegen auch nicht zu einem Umschlagplatz zwischen Seeschiffverkehr und Binnenschifffahrt werden wie die Häfen in den Flussmündungen. Aber als Marinehafen war Wilhelmshaven besonders geeignet, weil die Kriegsschiffe, die auch einen großen Tiefgang haben, durch den größten Priel an der deutschen Küste, den Priel am Jadebusen, zum Hafen gelangen können. In diesem Priel lagert sich kaum Sand ab, weil keine großen Flüsse in den Jadebusen münden. Vor allem in seinem Nordteil besteht ein enger «Flaschenhals», in dem eine starke Ebbströmung entsteht. Dadurch wird der Priel freigeräumt, den die Kriegsschiffe nutzen konnten, um Wilhelmshaven zu erreichen. Auch Wilhelmshaven konnte über die «Rollbahn» aus dem Ruhrgebiet mit großen Mengen an Kohle und Stahl versorgt werden.

Von 1887 bis 1895 wurde der Kaiser-Wilhelm-Kanal (seit 1948 Nord-Ostsee-Kanal) von Brunsbüttel nach Kiel gebaut. Zunächst war er neun Meter tief, vor dem Ersten Weltkrieg dann wurde er auf elf Meter vertieft, weil die Kriegsschiffe größer geworden waren. Der Nord- und Ostsee verbindende Kanal wurde bald zur meistbefahrenen künstlichen Wasserstraße der Welt; er ermöglichte auch völlig neue Möglichkeiten für den Handel zwischen den beiden Meeren im nördlichen Mitteleuropa.

Nach 1890 legte man einen weiteren Kriegshafen auf Helgoland an. Alle Formen des Watts wurden dadurch erheblich verändert, besonders das Felswatt von Helgoland und das Schlickwatt an der Küste. Die neu geschaffene Marine des Deutschen Reiches hatte nun vor allem die Häfen an den Küsten von Nord- und Ostsee, in Wilhelmshaven und Kiel, als Standort. Beide waren durch einen Kanal miteinander verbunden, so dass man die Schiffe rasch von dem einen Meer in das andere umsetzen konnte, und es gab einen weiteren Stützpunkt nahe der Mitte der Nordsee. Man wollte der englischen Navy auf Augenhöhe begegnen, und dafür wurden enorme Anstrengungen zum Ausbau der Infrastruktur unternommen. Dem Watt aber wurde durch den Bau von Kriegshafenanlagen auf Helgoland und durch die Schaffung tiefer Gewässerstraßen großer Schaden zugefügt. In den ausgebaggerten Fahrrinnen kam es nämlich nicht mehr zur Ausbildung des Wasserfilms an der Oberfläche, weil mehr Flächen ständig unter Wasser lagen. Und die Strömungen, die Plankton ins freie Meer spülen, wurden verstärkt.

Im Zweiten Weltkrieg kam es zu erheblichen Zerstörungen militärischer und ziviler Hafenanlagen, beispielsweise in Rotterdam, Emden, Wilhelmshaven, Bremerhaven, Bremen, Helgoland, Hamburg oder Kiel.

In den Weltkriegen, vor allem aber wohl am Ende des Zweiten Weltkrieges wurden große Mengen an Kampfmittelresten im Wattenmeer versenkt. Die Angaben über die Mengen sind nicht einheitlich, auch gibt es unterschiedliche Hinweise dazu, wo die Kampfmittelrückstände liegen. Seit ihrer Deponierung sind sie eine Zeitbombe, denn die Fässer, in denen sie enthalten sind, rosten seit Jahrzehnten, und keiner weiß, wann die giftigen Stoffe freigesetzt werden.

Helgoland wurde kurz vor dem Ende des Zweiten Weltkrieges evakuiert und war dann Schauplatz intensiver Bombardierungen der Alliierten. Nach dem Krieg wollten die Engländer angeblich die gesamte Insel Helgoland mit ihrem Felswatt beseitigen. Das misslang, obwohl die Insel jahrelang als Bombenabwurfplatz genutzt wurde. Beim «Big Bang» 1947 wurden übrig gebliebene Sprengstoffmengen gezündet, und es kam zur größten konventionellen Sprengung, die jemals stattgefunden hat. Ein deutlich sichtbarer Krater blieb zurück, aber die Insel wurde nicht komplett zerstört. Sogar ihr Wahrzeichen, der Felsen «Lange Anna», blieb erhalten (siehe Tafel 15). Auch das Felswatt bestand weiterhin. Allerdings hat eine charakteristische Tierart, der Europäische Hummer (Homarus gammarus), durch die Zerstörung der von ihm bewohnten Felsspalten dennoch empfindlichen Schaden genommen. Das Aufzuchtprogramm der Biologischen Anstalt verläuft wohl erfolgreich, so dass der Hummer inzwischen nicht mehr vom Aussterben bedroht ist.

Eine wichtige Erkenntnis brachten der Bau der Militärhäfen im

Felswatt und deren Zerstörung allerdings auch: Die aus Beton gebauten Hafenanlagen und selbst die Trümmer davon können von den Makroalgen des Felswatts genauso besiedelt werden wie natürlicherweise vorhandene Steine, und Rockpools, in denen Wasser während der Niedrigwasserzeit stehen bleibt, bilden sich dort genauso wie zwischen aus der Felswand herabgestürzten Steinen.

Helgoland wurde wieder besiedelt, die Biologische Anstalt, heute ein Teil des Alfred-Wegener-Institutes, wurde neu gebaut. Ansonsten wurde in der Nachkriegszeit im Watt wenig gebaut, vielleicht sogar zu wenig, denn die Deiche wurden weder gepflegt noch erhöht. Die verheerenden Auswirkungen der Sturmfluten von 1953 in den Niederlanden und von 1962 in der Deutschen Bucht und im Elbe-Ästuar lassen sich darauf zurückführen. In den folgenden Jahren baute man neue Deiche, so dass die noch höhere Sturmflut von 1976 nur geringe Schäden anrichtete.

Seit der Mitte des 20. Jahrhunderts nahm die Bedeutung an Mineralölen für den Antrieb diverser Verkehrsmittel und zum Heizen erheblich zu. In Mitteleuropa wurde seit dem 19. Jahrhundert Erdöl gefördert, auch an der Nordsee übrigens und auch im Wattenmeer.

Erdöl entstand aus den Überresten von Algen und anderen kleinen Organismen, die vor einigen Millionen Jahren lebten – vor allem in flachen Meeren. Sie starben ab, sanken an den Grund der Gewässer, wurden von weiteren Sedimenten überdeckt und zusammengepresst. Oft entstanden sie in räumlicher Nähe zu heutigen Flachwasserbereichen der Meere. Solche flachen Stellen mögen sich immer wieder in einer ähnlichen Meeresgegend gebildet haben. Doch die Überreste der Kleinlebewesen lagern nicht immer an genau den Orten, an denen sie entstanden waren. Oft sammelten sich die Erdölvorräte in benachbarten Salzdomen, in denen sie in die Nähe der Erdoberfläche verlagert wurden.

Auf der Mittelplate vor der Küste von Dithmarschen wurde ab 1985 eine Bohrinsel errichtet, die heute die ergiebigste Ölquelle in Deutschland ist. Aber der größte Teil der in vielen Industrieländern gebrauchten Erdölmengen kommt per Schiff über das Meer und durch lange Pipelines. Für den Transport über die Weltmeere wurden immer größere Tankschiffe gebaut. Solche, die über 250 000 Tonnen Rohöl laden können, werden als Supertanker bezeichnet. Sie sind seit der zweiten Hälfte der 1960er Jahre auf den Weltmeeren unterwegs, haben aber in den meisten Fällen einen zu großen Tiefgang für die Wasserstraßen im Wattenmeer. Man bemühte sich dennoch, möglichst vielen und möglichst großen Tankern die Fahrt zu den mitteleuropäischen Häfen zu ermöglichen: Schifffahrtsrouten im Wattenmeer und in den Ästuaren musste immer weiter vertieft werden. Kleinere Supertanker mit bis zu 250 000 Tonnen Ladung konnten aber an der deutschen Küste nur in Wilhelmshaven ihre Ladung löschen, indem sie in den Priel des Jadebusens einfuhren und an der in das Fahrwasser hineinragenden Öl-Entladeanlage anlandeten. Um die zwanzig Meter Fahrwassertiefe waren dafür notwendig, und die gab es in Deutschland nur am nördlichen Flaschenhals des Jadebusens in Wilhelmshaven.

Auch kleine Mengen an Erdöl, die ins Wasser geraten, sind eine besondere Gefahr für jedes Meer, vielleicht ganz besonders für das Wattenmeer. Öl und Wasser mischen sich nicht, Öl breitet sich in Form von Filmen auf dem Wasser aus und verhindert dann einen Gasaustausch zwischen Wasser und Luft. Auch der Biofilm des Watts kann durch einen Ölfilm von der Atmosphäre getrennt werden, so dass kein Kohlenstoffdioxid in den Biofilm gerät und Sauerstoff nicht an die Atmosphäre abgegeben werden kann. Kommt es zu einer größeren Ölverunreinigung des Meeres, bemerkt man, dass das Gefieder der Seevögel verklebt, die deswegen oft qualvoll verenden. Was mit den anderen Meerestieren passiert, wird oft gar nicht wahrgenommen. Dabei muss nicht einmal eine große Havarie hinter solchen Ereignissen als Ursache stehen, oft wurden oder werden «nur» Ölrückstände abgelassen, oder man reinigt die Tanks auf hoher See.

Als Schadstoffe werden Substanzen bezeichnet, die nicht auf natürlichen Wegen abgebaut werden können. Dazu gehören unter anderem Schwermetalle und nicht abbaubare Kohlenwasserstoffe. Verdünnte Schwefelsäure, Abfall aus der Herstellung von Farbpigmenten, wurde als sogenannte Dünnsäure ins Wattenmeer eingeleitet. Aus den Flüssen kamen weitere Schadstoffe hinzu. Seit etwa 1980 hat die Schadstoffbelastung abgenommen. Aber es tauchen immer neue Stoffe auf. Das Gedächtnis der Nordsee in den tiefen Bereichen von Kattegat und Skagerrak zeichnet das auf, dort finden sich Sedimentablagerungen, die detailliert untersucht werden können.

Neue Formen des Seehandels kamen auf. Durch die Einführung des Containertransports wurden der Schiffstransport und die Transportketten zwischen Land- und Seetransport revolutioniert. Seit den 1960er Jahren kam es zum verstärkten Einsatz von Containern. In den großen Häfen wurden sie vom Seeschiff auf das Binnenschiff, auf Güterzüge oder Lastkraftwagen umgesetzt. Für Containerschiffe braucht man immer tiefere Fahrrinnen. Häfen an Steilküsten, etwa in Südostasien oder Nordamerika, sind für diese großen Schiffe leichter zu erreichen als Häfen im Wattenmeer. Man kommt auch leichter nach Rotterdam oder Antwerpen als nach Hamburg und in andere deutsche Häfen. Einzig Wilhelmshaven ist für die größten Containerschiffe der Welt erreichbar; dorthin entstand aber erst in den Jahren nach 2020 eine leistungsfähige Eisenbahnverbindung.

Durch ständige Baggerungen bemüht man sich, auch im Elbe-Ästuar ein möglichst tiefes Fahrwasser zu erhalten. Hamburgs Hafen liegt weiter im Binnenland und damit näher an den Orten, zu denen die Container gelangen sollen. Außerdem befindet sich unmittelbar südlich des Hamburger Hafens, in Maschen, der größte Verschiebebahnhof für Güter in Europa. 1999 war die Fahrrinne in der Niederelbe 13,5 Meter tief. Das reichte nicht mehr aus. Ein 2006 getauftes Schiff, damals das größte Containerschiff der Welt, hat voll beladen einen Tiefgang von 15,5 Metern. Und die Entwicklung geht weiter. Schiffe, auf denen mehr als 24 000 Container transportiert werden, haben einen noch größeren Tiefgang. Man will die Elbe, auch die Unterweser, weiter vertiefen, um Schiffen mit einem Tiefgang von um die zwanzig Meter eine Zufahrt zu deutschen Häfen zu ermöglichen – und zwar nicht nur nach Wilhelmshaven.

Inzwischen hat sich das Transportsystem für Container so entwickelt, dass die größten Containerschiffe nur noch auf den Ozeanen der Welt unterwegs sind, vor allem zwischen den weltgrößten Häfen in Südostasien, Westeuropa und Nordamerika. Im Westen Europas sind dies unter anderem Rotterdam und Antwerpen, die zu den fünfzehn größten Containerhäfen der Welt gehören, aber auch Hamburg und Bremerhaven. Dort werden die Container auf kleinere Schiffe verteilt, die sogenannten Feederschiffe, die zu kleineren Häfen unterwegs sind, beispielsweise im Ostseeraum. Der Nord-Ostsee-Kanal ist längst nicht tief genug, um einem der größten Containertransporter der Welt eine Durchfahrt zu ermöglichen. Aber es müssen auch nicht Tausende von Containern nach Stockholm, Danzig oder Riga geliefert werden. Gebraucht werden in diesem System Drehscheiben, an denen das Umladen von den Ozeanriesen auf die Feeder, Binnenschiffe und die Landverkehrsmittel Bahn und LKW erfolgt. Vor den Häfen von Rotterdam und Antwerpen befindet sich kein umfangreiches Watt; daher sind diese Häfen vom Meer aus besser zu erreichen als deutsche Häfen.

Gegen die ständige Vertiefung des Fahrwasses in den Ästuaren wird von den Naturschutzverbänden immer wieder das Problem des Artenschutzes angeführt. Vermutlich noch gravierender aber sind die zunehmenden Höhenunterschiede zwischen den ausgebaggerten Fahrrinnen und den ganz in der Nähe liegenden Deichen. Sie übersteigen stellenweise bereits dreißig Meter. Sowohl der Untergrund der Fahrrinne als auch der des Deiches besteht aber aus Sand, aus lockerem Sediment, das in eine immer weniger stabile Lage gerät, je mehr gebaggert wird. Wenn sich – wie am Altenbrucher Bogen an der Niederelbe zwischen Otterndorf und Cuxhaven – zusätzlich noch der Stromstrich seit Jahrhunderten natürlicherweise verändert, könnte der Deich in eine instabile Lage geraten und brechen. Die Elbe verlagert sich seit Jahrhunderten immer weiter nach Süden, auf den niedersächsischen Deich zu. Man kennt diese Gefahr eigentlich und hat flussbauliche Maßnahmen dagegen ergriffen. Doch die Tendenz der Flussverlagerung könnte sich noch verstärken, wenn die Medem-Rinne, ein nördlicher Mündungsarm der Elbe durch das Watt, in den folgenden Jahrzehnten das Baggergut der Elbvertiefung aufnehmen soll und dadurch plombiert wird. Dann verläuft nämlich die gesamte Strömung im Süden der Elbe, in nur geringer Entfernung vom Deich. Bricht dieser Deich, wären immense Überflutungen zu befürchten.

Vor einigen Jahren schrieb ich ein Gutachten im Auftrag eines Rechtsanwaltes, der einige Gemeinden dabei unterstützte, die Pläne für eine neuerliche Elbvertiefung abzuwenden. Darin wies ich auf die Gefahren hin, die das Projekt mit sich brachte, besonders die Gefahr des Deichbruchs. Doch die Gerichte folgten dem nicht; sie ließen sich durch eine ökologische Argumentation nicht beeindrucken. Die Zeit wird zeigen, ob das Gericht bei dieser Entscheidung richtiglag. Es ist zu hoffen, dass am Ästuar zwischen Otterndorf und Cuxhaven wenigstens Maßnahmen ergriffen werden, die den Deich so gut schützen wie nur irgend möglich.

Das Gericht machte den Weg frei für eine erneute Elbvertiefung und damit die weitere Entwicklung des Hamburger Hafens. Doch wie lange kann er mit den anderen großen Häfen der Welt mithalten? Immer mehr Stimmen werden laut, die empfehlen, den Ausbau des Hafens zu beenden, der tief im Landesinneren liegt und mit dem Meer durch einen rund einhundert Kilometer langen Ästuar verbunden ist. Städtebaulich hätte dies durchaus Vorteile, wie man in London an den Docklands gesehen hat: Es würde Platz für eine sehr große Stadtentwicklungszone frei werden. Hamburg könnte aus beengten Verhältnissen ausbrechen, und die Landschaften am Ästuar wären weniger stark bedroht. Spannende neue Entwicklungen könnten eingeleitet werden.

Nachhaltigkeit im Watt

Seit einigen Jahren ist das Wattenmeer Weltnaturerbe, es bestehen Nationalparke, in denen die Natur bewahrt werden soll. Auch immer mehr tropische Mangroven und Korallenriffe stehen unter Naturschutz. Doch manchen Menschen gehen die Maßnahmen nicht weit genug, denn nach wie vor wird vielerorts gejagt, nach wie vor werden Fische und andere Meerestiere gefangen, nach wie vor bestehen wichtige Wasserstraßen im Watt, das Watt wird verunreinigt, man darf auf Sandbänken sein Auto parken, unzählige Touristen kommen ins Watt. Viele Naturschützer sind damit nicht einverstanden, und sie haben recht, besonders wenn man ausschließlich aus dem Blickwinkel des Naturschutzes argumentiert.

Allerdings kann man auch sehr wohl der Meinung sein, dass das Watt mehr als «nur» Natur ist. Es ist nämlich ebenso ein einzigartiger Kulturraum, und es ist eine Weltgegend, von der eine nachhaltige Entwicklung ausgehen kann: Nirgends auf der Welt wird pro Flächeneinheit mehr Kohlenstoffdioxid fixiert, mehr Biomasse produziert und mehr Sauerstoff freigesetzt. Deswegen sollte man sich mit den Besonderheiten von Nachhaltigkeit im Watt auch besonders auseinandersetzen und sie als besonders wichtiges Schutzziel anstreben.

Das Watt ist aber ebenfalls ein Wirtschaftsraum, aus dem Nahrung für uns Menschen kommt; man gewinnt dort Bodenschätze, Erdöl und Erdgas. Schließlich liegen beliebte Ferienregionen an den Küsten der Nordsee. «Alles» kann man nicht schützen, und alle Ziele des Schutzes kann man nicht gleichzeitig am gleichen Ort verfolgen. Unstrittig ist aber – und das muss eigens betont werden –, dass die Verschmutzung der empfindlichen Watt-Ökosysteme verhindert werden muss.

Verfolgt man nur ein einziges Ziel von Nutzung oder Schutz und betrachtet andere Ziele als «Konkurrenz» oder gar als Bedrohung für die eigene Nutzungsabsicht oder das eigene Schutzkonzept, dann kommt es rasch zu Nutzungskonflikten. Ist es aber wirklich gut, die Konflikte zu betonen, bei denen Streit nicht zu umgehen ist? Man könnte doch das Watt oder das Wattenmeer auch als eine Landschaft auffassen, in der es viel Schützenswertes gibt und in der man sich bemüht, so viel wie möglich zu nutzen und zu schützen. Dabei muss es nicht immer zu Widersprüchen oder zu gegenläufigen Zielen kommen. Denn viele Dinge gehören in einer Landschaft zusammen.

Unter Landschaft verstehe ich hier nicht einen geographisch umgrenzten Raum; es geht mir auch nicht um Landschaftsschutz im Sinne des Naturschutzgesetzes.[52] Landschaft ist für mich ein Raum von Elementen der Natur und der Kultur, die über die Entwicklung von Ideen zusammengefügt sind oder werden. In jeder Landschaft, auch im Watt oder im Wattenmeer, haben also Natur, Kultur und Ideen zugleich Anrecht auf Schutz oder Beachtung bei der Entwicklung künftiger Pläne.

Natur und Kultur wirken verändernd auf die Landschaft ein, stabil aber sind die Ideen, die in ihr oder mit ihr verwirklicht werden sollen – im Sinne des «so war es immer schon» im berühmten Gedicht von Theodor Storm –, womit vielleicht Beständigkeit, vielleicht stetiger Wandel gemeint ist. Zu den Ideen, aber nicht zu den naturwissenschaftlichen Tatsachen gehört auch die Nachhaltigkeit, die eines der wichtigsten Ziele unseres Handelns heute sein sollte. Damit strebt man Stabilität an, möchte Veränderungen verhindern, die Schaden bringen können.

Das ursprüngliche Ziel von Nachhaltigkeit war aber nicht derart umfassend. Eigentlich geht es dabei ausschließlich um eine natürliche Produktion, bei der sich durch natürliches Wachstum ein Überschuss bildet, den man gewissermaßen abschöpfen kann, ohne die Produktmenge im Ökosystem zu dezimieren. Am bekanntesten ist die Absicht, Nachhaltigkeit bei der Bewirtschaftung eines Waldes zu erzielen: Jeder Baum wächst in jedem Jahr ein Stück weit in die Höhe, auch der

Durchmesser seines Stammes nimmt zu. Die Wurzeln werden länger und senken sich in den Untergrund. Daher kann man dem Wald eine bestimmte Zahl an Bäumen entnehmen, ohne dass der Holzvorrat des Bestandes abnimmt: Die Nachhaltigkeit im Wald ist auf diese Weise erreicht.

Natur allein kann aber nicht nachhaltig sein. Denn natürliche Entwicklungen, zum Beispiel Wachstum und Tod, führen immer zu Veränderungen, die Natur ist niemals stabil. Es gehört immer eine Nutzung zur Nachhaltigkeit, die diejenigen Stoffmengen im Ökosystem belässt, die zum Erreichen des Nachhaltigkeitsziels erforderlich sind: Das ist die produzierte Biomasse, entweder nur im Wald oder in einem anderen Ökosystem oder aber auf der ganzen Welt.

Heute strebt man eine Nachhaltigkeit für das gesamte System der Erde an. Dabei geht es vor allem um eine Begrenzung des Klimawandels, der Erderwärmung. Dazu muss der Anteil an Kohlenstoffdioxid in der Erdatmosphäre stabil gehalten oder gar gesenkt werden; er verursacht den Treibhauseffekt, lässt also die Temperaturen steigen. Die Kohlenstoffdioxidmenge hat einen Einfluss auf das Klima, obwohl die erdnahe Atmosphäre nur zu einem ganz kleinen Teil aus diesem Gas besteht. Vor dem Einsetzen der Industrialisierung betrug der Gehalt an Kohlenstoffdioxid in der erdnahen Atmosphäre lediglich 0,028 Prozent; bis heute ist der Anteil des Gases in der Luft auf 0,0415 Prozent gestiegen. Man kann aber auch den Sauerstoffanteil der Luft in das Zentrum der Betrachtung stellen, der ungleich größer ist. Er liegt bei 21 Prozent und könnte weiterwachsen, was zu einer Abkühlung der Atmosphäre führen würde.

Die Zusammensetzung der Atmosphäre änderte sich im Lauf der Erdgeschichte. Bevor sich Leben – und zunächst vor allem pflanzliches Leben – auf der Erde entwickelte, gab es zunächst überhaupt keinen freien Sauerstoff in der Atmosphäre, dagegen aber mehr Kohlenstoffdioxid. Das bedeutet, dass die Erdoberfläche wegen dieses natürlichen Treibhauseffekts erheblich höhere Temperaturen aufwies. Deswegen lebten zunächst ausschließlich zur Fotosynthese befähigte Mikroorganismen, später auch Pflanzen in den Meeren, die dort weitgehend gegenüber der wärmenden oder gar erhitzenden Strahlung abgeschirmt waren; das Watt und auch das Land wurden als Lebensräume erst erobert, als die Anteile an Kohlenstoffdioxid in der Atmosphäre abgenommen und die Sauerstoffanteile zugenommen hatten. Dadurch verringerten sich die Temperaturen an der Erdoberfläche. Davon profitierten die dortigen Lebensbedingungen. Freier Sauerstoff in der Atmosphäre war eine Voraussetzung für die Ausbildung tierischen Lebens: Tiere brauchen freien Sauerstoff aus der Atmosphäre für die Zellatmung. Fotosynthese können sie bekanntlich nicht betreiben; sie müssen Sauerstoff aufnehmen.

Eine nachhaltige Nutzung eines Ökosystems, die den Klimawandel einschränkt, kann von einer Verringerung des Kohlenstoffdioxidgehaltes oder von der Erhöhung des Sauerstoffgehaltes in der Atmosphäre ausgehen. Oder man nutzt ausschließlich Energie aus physikalischen Quellen, ohne die Konzentrationen an Kohlenstoffdioxid und Sauerstoff in der Atmosphäre zu verändern.

Das Ökosystem Watt lässt sich auf verschiedene Art und Weise besonders gut nachhaltig nutzen. Dieses Anstreben von stofflicher Nachhaltigkeit sollte man als ein übergeordnetes Ziel des Managements im Watt ansehen – ebenso wie dies auch das Ziel des Umgangs mit vielen anderen Ökosystemen sein muss. Man kann Erdoberflächenprozesse nutzen, ohne dass sich Stoffzusammensetzungen der Atmosphäre verändern. Die Regierungen der Anliegerstaaten des Wattenmeeres wollen mehr elektrischen Strom aus Windkraft gewinnen. Das soll absolute Priorität haben. Bei einer Konferenz in Ostende im April 2023 wurde beschlossen, die Menge an über Windkraftanlagen umgewandelter Energie bis zur Mitte des 21. Jahrhunderts zu verzehnfachen. Ausgleichende Luftströmungen über der Nordsee sowie zwischen Meer und Land bauen sich immer wieder neu auf; insofern ist dies eine vernünftige nachhaltige Nutzung, sofern keine gravierenden Nebenwirkungen bekannt werden.

Man sollte diese Form der Nutzung beziehungsweise Umwandlung von Energie, um die es sich ja eigentlich handelt, mit anderen Formen der Energieumwandlung kombinieren. Erstrebenswert ist immer ein Mix der genutzten Formen der Energieübertragung. Das ist bei regenerierbaren Formen der Energieübertragung nicht anders als bei der Nutzung konventioneller fossiler Quellen. Regelmäßig kommt es im Watt zu Gezeitenströmungen, die man künftig in Gezeitenkraftwerken stärker nutzen könnte – zusätzlich zur Windkraft.

An den Sockeln der Windkraftanlagen und auch an Gezeitenkraftwerken entstehen neue, zusätzliche Flächen mit Hartbodensedimenten. Dort siedeln sich auch ohne Zutun des Menschen Makroalgen an, die man zur Gewinnung von Biogas nutzen kann. Zunächst muss aber geprüft werden, ob es Mikroorganismen gibt, die salzhaltige Biomasse umsetzen können. Selbst wenn man die Makroalgen an den neu entstehenden Hartbodensedimenten, sozusagen künstlichen Felswattstandorten, nutzen würde, so gäbe es für die Zeit des Wachstums der Algen bis zur Ernte auch Orte, an denen sich weitere Pflanzen und Tiere im Umkreis der Makroalgen ansiedeln: So könnte die Biodiversität gefördert werden. Die meisten Windkraftanlagen werden im Sublitoral der Schorre im Felswatt und im Eulitoral des Schlickwatts stehen. Dort werden sie das Aufwachsen von Fischen und anderen Meeresorganismen kaum stören. Im Gegenteil: In den Tangbeständen entstehen weitere geschützte Räume, in denen Meerestiere ihre Kinderstuben haben können.

Im Schlickwatt muss vor allem die enorme Produktivität der Algenrasen beachtet und vorrangig geschützt werden. Sie ist dann besonders groß, wenn es dort möglichst wenige Tiere gibt. Denn Pflanzen sind die einzigen Primärproduzenten in Ökosystemen, alle Tiere sind Konsumenten und Destruenten, die gewissermaßen der überragenden Produktionsleistung der Pflanzen entgegenwirken, organische Substanz abbauen und Sauerstoff verbrauchen, der sonst an die Atmosphäre abgegeben werden und der Klimaerwärmung entgegenwirken würde. Insgesamt wird in einem Ökosystem mehr organische Substanz aufgebaut, Kohlenstoffdioxid abgebaut und Sauerstoff freigesetzt, je weniger Tiere und je mehr Pflanzen darin eingebunden sind. Die Fotosynthese führt zum Abbau von Kohlenstoffdioxid und zur Abgabe von freiem Sauerstoff in die Atmosphäre – und das ist, bezogen auf die Klimaentwicklung, das derzeit wichtigste Ziel von Nachhaltigkeit in den globalen Ökosystemen. Im Schlickwatt müssten möglichst große Bereiche des Algenrasens erhalten bleiben, in denen die Stoffproduktion durch Fotosynthese nach Möglichkeit ausgeweitet wird. Dort nämlich kann man wegen der großen Stoffproduktion am ehesten gegen die Erwärmung des globalen Klimas vorgehen. Natürlich muss das nicht ausschließen, dass die reiche Tierwelt des Watts ebenfalls geschützt wird. Man sollte sich diese Zusammenhänge aber in aller Deutlichkeit vor Augen führen, wenn es um Nachhaltigkeit geht, die ja gerade keine naturwissenschaftliche Größe, sondern eine erstrebenswerte Idee ist.

Man kann im Wattbereich auch Nahrung für den Menschen produzieren, indem so viel Nachhaltigkeit wie möglich angestrebt wird. Algen kommen für die menschliche Ernährung weniger in Betracht; aber günstig ist die Nutzung von Tieren aus den nächsten Stufen des Nahrungsnetzes, der Primärkonsumenten, also von Organismen, die sich von Algen ernähren, oder der Sekundärkonsumenten. Zu ihnen gehören beispielsweise Garnelen, die einen ausgesprochen effizienten Stoffwechsel haben. Sie verbrauchen und zersetzen weniger Biomasse als andere Tiere, um ihre Körper aufzubauen. Ziel könnte sein, so genau wie möglich in Erfahrung zu bringen, welche Mengen an Garnelen im Wattenmeer unter Nachhaltigkeitsgesichtspunkten gewonnen werden dürfen, um die Bestände dieser Tiere auf dem gleichen Niveau zu halten. Dann könnten Garnelen eine aus ökologischer Sicht relativ günstige Fleischnahrung aus dem Watt sein. Außerdem ist das Fischen mit dem Krabbenkutter und das sofortige Abkochen der kleinen Krebse, weshalb die Kutter auch als «Krabbenkocher» bezeichnet werden, etwas, das aus kultureller Sicht essentiell zum Wattenmeer dazugehört. Genauso kann man ermitteln – so schwer das ist –, welche Mengen an Fischen aus dem Meer gezogen werden dürfen, um den nachhaltigen Bestand dieser Tierarten nicht zu gefährden.

Man sollte Nachhaltigkeit als oberstes Ziel des Managements von Ökosystemen betrachten. Dann müsste man vor allem die Fotosynthese fördern, also die Bestände der grünen Pflanzen. Der Schutz der

Tiere stünde nicht im Mittelpunkt der Bemühungen. Keineswegs sollten aber Tiere getötet oder vernachlässigt werden, weil sie der Verwirklichung von Nachhaltigkeit entgegenstehen. Wichtig ist beim Schutz der Tiere, sich um kulturelle Aspekte von Nachhaltigkeit zu kümmern: Eine Welt büßt kulturelle Qualität ein, wenn Tierarten aussterben.

Man sollte also unterscheiden zwischen einer materiellen und einer kulturellen, auch einer aus kulturellen Gründen erwünschten Nachhaltigkeit. Materielle Nachhaltigkeit wird dann und nur dann angestrebt, wenn organische Substanz weder ab- noch zunimmt oder ein Überschuss davon erzielt wird, also bei der Nutzung physischer Prozesse wie Wind oder Gezeiten sowie bei der Nutzung oder Konservierung eines Überschusses organischer Produktion, beispielsweise von Holz oder von Algen. Wird ein Baum geschlagen oder eine andere Pflanze geerntet oder geschnitten, so läuft dies der Nachhaltigkeit per se nicht entgegen; denn die organische Masse bleibt erhalten, auch wenn ein Holzhaus gebaut oder ein Möbelstück konstruiert wird. Ebenfalls bewahrt eine Bibliothek materielle Nachhaltigkeit, indem dort bedrucktes Papier in den Regalen steht und möglichst lange Zeit gepflegt wird und erhalten bleibt. Vielleicht sogar besser als Holz im Wald …

Materielle Nachhaltigkeit wird beim Absterben von Pflanzen nicht eingeschränkt, sondern erst dann, wenn die organische Substanz zerstört wird – durch natürliche Zersetzung, durch Verbrennen oder anderweitige Zerstörung. Mit der plakativen Forderung «Baum ab – nein danke» geht man also nicht gegen die Nichtachtung von Nachhaltigkeitszielen vor, denn das Holz bleibt auch beim Fällen des Baumes erhalten. Erst seine Umwandlung zu Kohlenstoffdioxid beeinflusst das Klima. Aus dem gleichen Grund ist eine Bücherverbrennung nicht nur ein barbarischer Akt, mit dem gegen kulturelle Nachhaltigkeit verstoßen wird, sondern auch aus materieller Sicht eine Maßnahme gegen physische Nachhaltigkeit, weil dabei organische, von Pflanzen hergestellte Substanz zerstört wird. Auch jeder Gebäudeabriss, jegliche Zerstörung wirkt sich gegen die Nachhaltigkeit aus. Denn dabei wird organische Substanz zerstört, bzw. man braucht organische Substanz zum Neubau.

Alle anderen Formen von Nachhaltigkeit richten sich auf die Bewahrung kultureller Werte, selbst der Schutz von Tieren. Denn dabei geht es nicht um materielle Nachhaltigkeit; es wird nicht dafür gesorgt, dass organische Substanz bewahrt und der Ausstoß von Kohlenstoffdioxid begrenzt wird. Sondern man setzt sich für den Schutz einer bestimmten organischen Stoffmenge ein, die in Tieren akkumuliert ist.

Wird ein Schutzziel in den Mittelpunkt der Bemühungen gestellt, so muss das nicht heißen, dass alles andere verloren geht oder vernachlässigt wird. Es kommt darauf an, nicht nur ein einziges Ziel im Auge zu haben, sondern über alles informiert zu sein, was schützenswert sein könnte. Und das sind Pflanzen- genauso wie Tierarten, die Erdatmosphäre, die Praxis des Fangens von sogenannten Krabben und der Fischfang, die Umwandlung von Energie, der Tourismus, die Schifffahrt im Watt. Viele Ziele lassen sich gemeinsam verwirklichen, andere Ziele wie die Nachhaltigkeit des gesamten Systems Erde sollten dagegen im Zentrum aller Bemühungen stehen. Zahlreiche Bemühungen lassen sich miteinander verbinden, selbst wenn ein spezielles Schutzziel notwendigerweise im Zentrum des Interesses steht.

Ideen für eine gute Zukunft des Watts

Das Watt und andere flache Randbereiche der Meere haben eine besondere Bedeutung für die Entwicklung des gesamten Systems der Erde und ihrer Atmosphäre. Dort kommt es zur ungehinderten Sonneneinstrahlung, was vor allem zwei sehr wichtige Auswirkungen hat: Einerseits ist die biologische Produktion kaum irgendwo sonst auf der Welt derart umfangreich wie dort, wo sich ein dichter Algenrasen ausbilden kann. Starke Sonneneinstrahlung kann auch Mutationen auslösen. In dicht nebeneinanderliegenden Räumen mit unterschiedlicher Wassertemperatur und vor allem unterschiedlicher Salinität können sich strikt separiert voneinander unterschiedliche Varietäten, auch Arten von Pflanzen, Tieren und Mikroorganismen herausbilden. Diese Räume verändern sich, Grenzen zwischen Varietäten von Lebewesen verschieben sich ständig. Keine Varietät ist beständig am besten angepasst. Der Grad des Angepasstseins ändert sich mit den ökologischen Bedingungen im Flachwasserbereich.

Das ist ein Grund für die Wahl des Untertitels dieses Buches – und natürlich vor allem ein sehr wesentlicher Grund, warum das Watt und andere flache Wasserbereiche sehr empfindlich gegenüber Umweltveränderungen sind und unsere ganz besondere Achtsamkeit beanspruchen müssen. Das Ziel ist nicht unbedingt pauschaler Schutz, weil sich Strukturen des Lebens ständig verändern und diese Veränderungen gerade im Watt besonders evident sind. Aber man muss wissen, was sich im Watt abspielt, und muss dies beachten. Keine Form von Schutz darf zu einer Gefährdung eines anderen Schutzgutes führen. Am besten ist es, das Watt als Landschaft zu schützen, in der Natur, Kultur und die sie verknüpfenden Ideen dazu beachtet werden.

So wird eine Landschaft wahrgenommen; wir sehen ja, wenn wir im Watt stehen, nicht nur Natur, sondern auch das vorbeiziehende Schiff, die Grüppen in der Salzwiese, die ausgehoben werden, um neues Land zu gewinnen und dabei – was ursprünglich nicht beabsichtigt war, aber heute wichtiger und wichtiger wird – den Abbau organischer Substanz und die Freisetzung von Kohlenstoffdioxid zu verhindern. Auch aus diesem Grund ist das Watt eine Wiege des Lebens.

Die flachen Wasserbereiche lassen sich auch zur Gewinnung von Energie nutzen, ohne dass dabei die Wiege des Lebens erkennbar beeinträchtigt wird. Beim Bau von Windkraftanlagen muss aber auf die Lebenswelt des Watts Rücksicht genommen werden. Die flachen Meeresbereiche sind nicht nur deswegen «grün», weil dort Windkraftanlagen gebaut werden. Vielmehr können die neu entstehenden Hartbodensedimente von Algen besiedelt werden, die tatsächlich grünes Chlorophyll enthalten, Fotosynthese betreiben und organische Substanz produzieren, die sich hoffentlich als nachwachsender Rohstoff nutzen lässt. Zeitweise entsteht dabei – bis zur Ernte der Algen – ein sekundärer Lebensraum für Pflanzen und Tiere des Felswatts. Man sollte auch neue Gezeitenkraftwerke schaffen.

In den eingedeichten Marschen gibt es Böden mit einem hohen Anteil an organischen Bestandteilen. Diese Böden trocknen, wenn sie nicht mehr regelmäßig unter dem Einfluss von Gezeiten stehen, so dass die organischen Bestandteile abgebaut werden. Es wäre sehr gut, wenn man dies verhindern könnte – durch Zuführung von Wasser, eventuell auch durch Förderung der zeitweiligen erneuten Ausbreitung eines Algenrasens, dem eine Wiedereindeichung folgen müsste. Aber ob dies mit privatem Eigentum der Flächen möglich ist?

Natürlich muss man sich um die Bewahrung der Biodiversität des Watts bemühen, die nicht mit Nachhaltigkeit gleichzusetzen ist. Biodiversität sollte sich ungehindert weiterentwickeln können in einer Landschaft, in der auch Zeugen kultureller Praxis ein Anrecht auf Weiterentwicklung haben.

An der Nordsee gibt es viele bekannte Touristenziele. Sie sind aber viel mehr als nur Badeorte für die Sommerferien. Im Frühjahr sind viele Makroalgen besser entwickelt, im Winter und Frühjahr sind mehr Vögel im Watt, die meisten Lummen und Dreizehenmöwen im Helgoländer Felswatt sind im Juli schon nicht mehr an ihren Brutplätzen. Über die interessante Ökologie des Wattenmeers erfährt man im Winterhalbjahr mehr als im Sommer. Dann sind die Tage zwar kurz, aber man hat dann an langen Abenden genügend Zeit, um Mitgebrachtes vom Tage unter der Binokularlupe und mit Hilfe des Mikroskops zu untersuchen. Dafür sollten mehr Angebote entwickelt werden.

Was an vielen Orten fehlt, ist ein Schlechtwetterprogramm. Zwar kann man an der Nordsee auch im Regen spazieren gehen – Schnee fällt im maritimen Klima selten. Aber die durchaus lohnenden alternativen Ziele für Ausflüge an Regentagen sind wenig bekannt. Dabei sind sie durchaus zahlreich: Museen, Städte, gute Restaurants und Cafés sind vorhanden, aber vielleicht nicht so offensichtlich zu finden wie an der Ostsee. Die Ostsee ist der Handelsraum der Hanse gewesen und deswegen seit Jahrhunderten von Städten und städtischer Kultur umgeben. An der deutschen Nordseeküste entwickelten sich Städte nur an den Flussmündungen – die Orte des Umladens von Ozeanschiffen auf Flussschiffe liegen traditionell so weit wie möglich im Binnenland. An der Nordsee entstanden Städte auch an der niederländischen Westküste mit ihren geringen Tidenhüben. In weiten Küstenlandstrichen der Deutschen Bucht blühten aber vor allem ländliche Siedlungen, in denen sich freilich auch Wohlstand der Marschenkulturen entwickelte, denn die Bauern erzielten in den Marschen höchste Erträge. Was sie mit ihrem Reichtum bauen konnten, waren vor allem Dorfkirchen mit Fresken und berühmten Altären, Taufsteinen und Orgeln sowie Bauernhäuser, die zu den größten und stattlichsten weltweit gehören. Kunstwerke werden besonders geschützt, die Ausstattungsstücke der Kirchen wurden jahrhundertelang vor Raub und Zerstörung bewahrt. Die Kirchen sind meistens abgeschlossen, aber man sollte sie dennoch zugänglich machen, indem man die Schlüssel verleiht oder – besser – sogar Begleitpersonen in die Kirchen mitkommen lässt, die dann auch noch einige erläuternde Sätze zu den Kirchen berichten können.

Nordsee und Wattenmeer sind kein in sich geschlossener, einheitlicher Raum für Touristen. Diese steuern einzelne Küstenorte, Küstenabschnitte oder einzelne Inseln, aber nicht die gesamte Nordsee an. Sie interessieren sich dann für einzelne Orte, aber nicht für die größeren Zusammenhänge, die an der Nordseeküste bestehen. Aber Inseln und Festland stehen in einem Zusammenhang: Die Stadt Norden hat einen Deich – Norddeich – und eine Insel – Norderney. Das wird nur klar, wenn man alle drei Orte besucht.

Die Landschaften wurden vom Meer her erschlossen, und auch in touristischer Hinsicht müsste der Zusammenhang zwischen Festland und Inseln über die Schifffahrt hergestellt werden. Auf der Ostsee kam es nach 1990 zu einem Boom der Kreuzfahrten, was der gesamten Reiseform der Kreuzfahrt neue Impulse gab. Aber die Kreuzfahrtschiffe auf der Ostsee verbinden die Hansestädte, etwa Lübeck, Rostock, Gdańsk (Danzig), Klaipėda (Memel), Riga, Tallinn (Reval), Visby und Stockholm. Auch an der Nordsee kann man Städtekreuzfahrten machen, die beispielsweise nach Hamburg, Bremen, Emden, Amsterdam, Rotterdam, Antwerpen und London führen. Aber das Wattenmeer und kleinere Orte werden nicht in ein solches Programm aufgenommen, weil die großen Schiffe die flachen Gewässer und kleinen Häfen nicht erreichen können.

Gemeinsam mit einer Architektin aus Emden entwickelte ich einmal die Idee, eine Kreuzfahrt mit einem Plattbodenschiff zu den Sielhäfen an der Nordseeküste, zu Inseln und kleinen Häfen an den Ästuaren zu machen. Könnte man es schaffen, dreißig oder gar fünfzig Fahrgäste auf einen solchen Törn mitzunehmen? Sie müssten in kleinen Kajüten an Bord übernachten. Auch ein Teil der Mahlzeiten sollte auf dem Schiff eingenommen werden. Der Zeitplan müsste genau festgelegt werden, er ist ja von den Gezeiten abhängig. Vor dem Eintreten des Niedrigwassers werden kleine Häfen angelaufen, in denen sich die Schiffe auf dem Boden absetzen. Es stehen dann Busse zu Landausflügen bereit, oder die Passagiere schlafen im Hafen.

Die Reise könnte in Emden beginnen, dann am Deich der Marschlandschaft Krummhörn mit ihren Leuchttürmen entlangführen. Das Schiff könnte dann im malerischen Sielhafen Greetsiel einlaufen, wobei Tiden zu beachten sind. Nach einem Rundgang durch den Ort mit Steinhaus und Mühlen führt eine Bustour zu anderen Orten der Krummhörn, beispielsweise zum schiefen Turm von Suurhusen, nach Hinte (Schloss), das besonders gut erhaltene Wurtendorf Rysum, in dem auch die älteste spielbereite Orgel Deutschlands steht. Vielleicht gibt es dort ein kleines Orgelkonzert. Groothusen ist eine Langwurt, die man für eine Handelssiedlung hält, mit Schloss und Schwan auf der Kirche als Zeichen dafür, dass hier lutherisch gepredigt wird. Zurück geht es über die Wurtendörfer Pewsum und Pilsum mit ihren sehenswerten Kirchen. Über den Deich kommt man zu Salzwiesen und Watt.

Eine nächste Station – am zweiten Tag – ist Norddeich. Von dort aus geht es per Bus nach Norden (Arp-Schnitger-Orgel, vielleicht mit Orgelspiel, Rundgang durch das Tee-Museum), zu Schloss und Garten Lütetsburg und zur Kirche von Marienhafe, der angeblichen Heimat des Seeräubers Klaus Störtebecker.

Am dritten Tag steht eine Insel auf dem Programm: Norderney mit Teetrinken im Pavillon und Spaziergang durch das älteste deutsche Seebad an der Nordsee zum Strand und zu den Dünen. Besichtigen kann man noch das Nationalparkhaus am Hafen. Norddeich und Norderney können bei jedem Tidenstand angelaufen werden.

Die nächsten Häfen können nur bei Hochwasser besucht werden. Am vierten Tag ist Dornumersiel der Zielort mit einer kleinen Busfahrt nach Dornum und Roggenstede, wo man sehr gut die Situation der Siedlungen am Rand der Geest sehen kann. Je nach Tidestand kann man noch nach Bensersiel fahren, von wo aus man per Bus ins Geestrandstädtchen Esens gelangt. In der Mühle befindet sich ein sehenswertes und didaktisch hervorragend eingerichtetes Museum.

Am fünften Tag fährt das Schiff zum idyllischen Sielhafen von Neuharlingersiel und weiter nach Harlesiel. Von dort kommt man zu Fuß nach Carolinensiel mit dem Deutschen Sielhafenmuseum und dem Museumshafen. Abends könnte man den tideunabhängig nutzbaren Hafen Hooksiel erreichen.

Von dort fährt am sechsten Tag der Bus zum Schloss Jever mit seinem Museum und weiter nach Sande, wo sich besonders gut eine Salzwiese erkunden lässt. Das Schiff fuhr inzwischen leer nach Wilhelmshaven, wo man abends noch eine kleine Stadtrundfahrt machen kann und zur Nacht wieder auf dem Schiff ist.

Am siebten Tag legt das Schiff im Hafen von Varel am Jadebusen an, der Bus bringt die Gäste nach Dangast und in den sogenannten Neuenburger Urwald. Eine etwas längere Schifffahrt bringt die Gruppe nach Fedderwardersiel, von wo aus man per Bus an die Rundwurt Niens und die Langwurt Langwarden fahren kann – am achten Tag. Am gleichen Tag wird noch im Hafen von Blexen festgemacht, zu Fuß erreicht man vom Hafen aus die Kirche mit ihrem sehenswerten Altar von Ludwig Münstermann. Abends läuft das Schiff in Bremerhaven ein.

In Bremerhaven (9. Tag) stehen Besuche im Deutschen Schifffahrtsmuseum, im Auswandererhaus und im Klimahaus auf dem Programm. Der Blick geht weit über die Wesermündung und das Watt.

Am zehnten Tag legt das Schiff tideabhängig im Sielhafen von Dorum-Neufeld an. Von dort aus geht es per Bus durch das Land Wursten, etwa zum Ochsenturm von Imsum (schöner Blick ins Watt), zum stattlichen Wurtendorf von Wremen, zur Ausgrabungsstelle der Feddersen Wierde, zu den Kirchen von Mulsum und Misselwarden. Das Schiff erreicht abends die Insel Neuwerk.

Am elften Tag gibt es eine Fahrt mit dem Wattwagen von Neuwerk nach Duhnen, entweder auf Neuwerk oder in Duhnen findet auch eine Wattwanderung statt. Zu Fuß oder per Linienbus erreicht man das Schiff in Cuxhaven wieder, das dorthin ohne Fahrgäste gefahren war. Mit einem Abendessen an der Elbmündung und einer Nacht in Cuxhaven nochmals an Bord des Schiffes kann die Tour enden. Vielleicht ist sie für den Geschmack mancher Urlauber schon zu lang, vielleicht sollte man an manchen Orten länger bleiben?

Genauso kann man in Nordfriesland unterwegs sein, zur Hallig Hooge fahren, nach Amrum, Föhr und Sylt, nach Büsum, von dort weiter per Bus nach Dithmarschen, nach Tönning und von dort aus

Eiderstedt per Bus erkunden, weitere Häfen könnten Husum und Dagebüll sein, von wo aus man per Bus das Noldemuseum in Seebüll erreicht.

Oder man richtet eine Tour an der Elbe ein, die von Hamburg nach Neuenfelde, Blankenese, Cranz, Wedel, Stade, Wischhafen, Glückstadt, Brunsbüttel, Otterndorf und Cuxhaven führt.

Da sind viele Möglichkeiten denkbar. Sie zeigen den Reiz der Nordsee im neuen Licht – und nicht nur als Badegewässer. Baden in der Nordsee ist wunderbar, aber man lernt sie so kaum kennen. Insofern ist die Nordsee immer noch ein weitgehend unbekanntes Ferienziel, das wir dennoch dicht vor Augen haben. Es lohnt sich, dieses Meer und seine Umgebung sehr genau zu erkunden. Unbedingt!

Nachwort

Lehrer und Kollegen, die mir zu Freunden wurden, machten mich mit vielen Aspekten des Watts vertraut. Ich danke Udelgard Körber-Grohne (†), Karl-Ernst Behre und dem Institut für Historische Küstenforschung in Wilhelmshaven, Guus Borger, der Schutzstation Wattenmeer in Westerhever und auf Hooge sowie der Biologischen Anstalt Helgoland des Alfred-Wegener-Instituts und ihren Mitarbeitern, Albert Melber, Jorge Groß, vor allem Armin Blöchl und Klaus Wächtler (†), dessen Andenken ich dieses Buch widme. Sehr dankbar bin ich dem Verlag C.H.Beck in München, vor allem Stefan Bollmann und Angelika von der Lahr, dass aus einem Manuskript ein Buch werden konnte.

Anmerkungen

1 Dörte Hansen, Zur See. München 2022.

2 Freundlicher Hinweis von Ekkehard Maerker, Lauterstein.

3 Die Zelle, die die Epitheca der Mutterzelle erhalten hat, ergänzt eine Hypotheca, die der abgegebenen genau gleicht. Bei der anderen Zelle wird die etwas kleinere Hypotheca zur neuen Epitheca. Auch sie ergänzt eine darunterliegende Hypotheca; diese ist aber noch ein wenig kleiner, damit sie unter den neuen «Deckel» passt, der aus einem Unterteil einer Kieselalge hervorgegangen war. Bei jeder Zellteilung entstehen nun neue Organismen, die genau die gleiche Größe wie die Vorgänger aufweisen, und andere, die kleiner als der Mutterorganismus sind. Das setzt sich eine Weile fort, doch wenn die Zellen zu klein werden, muss eine Phase der sexuellen Vermehrung eingeschaltet werden, aus der Diatomeen in Ursprungsgröße hervorgehen. Oder die Kieselalge stirbt wegen der Unterschreitung einer Mindestgröße ab.

4 Bei den großen Algen unterscheidet man die im Allgemeinen im oberen Eulitoral und im unteren Supralitoral, in der Spritzwasserzone, lebenden Grünalgen, darunter den Darmtang (verschiedene Arten von Enteromorpha) und den Meersalat (Ulva lactuca), dann die im gesamten Eulitoral und Sublitoral vorkommenden Braunalgen, zu denen die größten Tangpflanzen gehören, und die meist in etwas tieferem Wasser, auch in den Gezeitentümpeln vorkommenden Rotalgen. Einige Braunalgen sind nicht nur besonders groß, sondern kommen auch in sehr großer Zahl vor. Da sind vor allem die Fucus-Arten zu nennen, Sägetang (Fucus serratus), Blasentang (Fucus vesiculosus) und Spiraltang (Fucus spiralis). Im Supralitoral bilden sich große Bestände von Fingertang (Laminaria digitata), Palmtang oder Palmentang (Laminaria hyperborea) und Zuckertang (Saccharina latissima), die man als «Tang-Wälder» bezeichnet. Der Zuckertang wurde früher der Gattung Laminaria zugeordnet, aber molekularbiologische Untersuchungen zeigten, dass er sich von der Gattung Laminaria so deutlich unterscheidet, dass man die eigene Gattung Saccharina gebildet hat.

5 Zum Plankton werden streng genommen nur Organismen gezählt, die ausschließlich in der Strömung bewegt werden und nicht entgegen der Strömung schwimmen können. Landläufig werden aber auch andere mikroskopisch kleine Lebewesen zum Plankton gerechnet, die man mit einem sehr feinmaschigen Planktonnetz einfangen kann, was aber eigentlich nicht korrekt ist. Im Meer schwimmen Bakterien und Algen als Phytoplankton; es kommt das Zooplankton hinzu, dessen Organismen sich von Phytoplankton und Bakterien ernähren.

6 Karl August Möbius, Die Auster und die Austernwirtschaft. Berlin 1877.

7 Karl Lohmeyer, Das Küstengebiet an der Niederelbe als Schauplatz der Dichtung. Archiv für Landes- und Volkskunde von Niedersachsen 22, 1944, 347–358, bes. 354.

8 Jens Borum, Carlos M. Duarte, Dorte Krause-Jensen und Tina M. Greve (Hrsg.), European seagrasses: an introduction to monitoring and management. A publication by the EU project Monitoring and Managing of European Seagrasses (M&MS) EVK3-CT-2000–00044, abgerufen am 19. 4. 2023. – Jutta Papenbrock, Highlights in Seagrasses' Phylogeny, Physiology, and Metabolism: What Makes Them Special? International Scholarly Research Network ISRN Botany Volume 2012, Article ID 103892, doi:10.5402/2012/103892, abgerufen am 18. 4. 2023.

9 Hansjörg Küster, Beobachtungen zur Keimung von Queller. Talk am Turm 40, Westerhever 2012, 3–5.

10 Hansjörg Küster, Zwischen Fluß, Meer, Marsch und Geest – Ideen zur Geschichte des Alten Landes. Kulturverein Steinkirchen und Umgebung e. V., Jahrbuch 2003, 5–17.

11 Vgl. Olaf Briese, Angst in den Zeiten der Cholera. Berlin 2003.

12 Jürgen Spanuth, Das enträtselte Atlantis. Stuttgart 1953.

13 Albert Panten, Haik Thomas Porada und Thomas Steensen (Hrsg.), Eiderstedt. Eine landeskundliche Bestandsaufnahme im Raum St. Peter-Ording, Garding, Tönning und Friedrichstadt. Landschaften in Deutschland – Werte der deutschen Heimat 72, Köln, Weimar, Wien 2013, 2–3.

14 Arend Lang, Kleine Kartengeschichte Frieslands zwischen Ems und Jade. Entwicklung der Land- und Seekartographie von ihren Anfängen bis zum Ende des 19. Jahrhunderts. Norden, Soltau 1962.

15 Klaus Dieter Meyer, Taufsteine auf Eiderstedt. Eine Bestandsaufnahme zu Herkunft und Material. Eiderstedter Museumsspiegel 6–7, 2004, 85–102.

16 Mans Schepers und Karl-Ernst Behre, A meta-analysis of the presence of

crop plants in the Dutch and German terp area between 700 BC and AD 1600. Vegetation History and Archaeobotany 32, 2023, 305–319.

17 Udelgard Körber-Grohne, Geobotanische Untersuchungen auf der Feddersen Wierde. Wiesbaden 1967.

18 Peter Rohrsen, Das Buch zum Tee. Sorten – Kulturen – Handel. München 2022.

19 Wolfgang Rüther, Abseits globalisiert. Ländliche Häuser Nordfrieslands im Kontext überregionaler Wirtschaft und externer Einflüsse. In: Wolfgang Rüther, Thomas Spohn und Babette Tewes (Hrsg.), Bauernhausforschung als Agrargeschichte. Begleitband zur Tagung des Arbeitskreises für ländliche Hausforschung in Nordwestdeutschland im Freilichtmuseum Molfsee 2021. Veröffentlichungen des Freilichtmuseums Molfsee 10, Kiel 2023, 31–54. – Auf den Seiten 48–52 geht es um das translozierte Haus von Langeneß.

20 Frankfurter Allgemeine Zeitung vom 25. 5. 2023. Man hielt die Nachricht für so außergewöhnlich, dass nicht nur gleich zwei Artikel davon berichteten, sondern auch auf der ersten Seite der Zeitung ein Bild von Andreas Busch im Watt von Rungholt abgedruckt wurde.

21 Hansjörg Küster, Eiderstedt: Landschaft der Haubarge. Der Holznagel 1/2021, 16–25.

22 Hans Szymanski, Die Segelschiffe der deutschen Küstenfahrt. Lübeck 1929. Nachdruck Norderstedt 1977. – Ders., Der Ever der Niederelbe. Lübeck 1932.

23 Arnold Schultze, Die Sielhafenorte und das Problem des regionalen Typus im Bauplan der Kulturlandschaft. Göttingen 1962.

24 Gotthardt Frühsorge, Luthers Kleiner Katechismus und die «Hausväterliteratur». Pastoraltheologie 73, 1984, 380–393.

25 Konrad Küster, Arp Schnitger. Orgelbauer – Klangarchitekt – Vordenker. Kiel 2019.

26 Es gibt die Website alkmaarorgelstad.nl (Zugriff am 29. 4. 2023), auf der auch auf die «Leeghwater Concerten» hingewiesen wird.

27 Hansjörg Küster, Christoph Meiners, das Land Hadeln und Goethes Faust II. Jahrbuch der Männer vom Morgenstern 90, 2011, Bremerhaven 2012, 189–228, bes. 225.

28 Joachim Nettelbeck, Ein Mann. Des Seefahrers und aufrechten Bürgers Joachim Nettelbeck wundersame Lebensgeschichte von ihm selbst erzählt. Ebenhausen bei München 1910, 316.

29 Hansjörg Küster, Christoph Meiners … wie Anm. 27, bes. 223 f.

30 Johann Wolfgang von Goethe, Tagebucheintrag vom 1. Juni 1812. In:

Johann Wolfgang von Goethe, Tagebücher. Zweiter Ergänzungsband der Goethe Gedenkausgabe. Herausgegeben von Peter Boerner. Zürich 1964, 317.

31 Karl Lohmeyer, Literarische und andere Nachwirkungen der letzten großen Sturmflut vom 3. und 4. Februar 1825. Jahrbuch der Männer vom Morgenstern 22, 1925 /26, 7–38.

32 Johann Georg Kohl, Marschen und Inseln der Herzogthümer Schleswig und Holstein. Nebst vergleichenden Bemerkungen über die Küstenländer, die zwischen Belgien und Jütland liegen. Dritter Band. Leipzig und Dresden 1846, 215.

33 Hermann Allmers, Marschenbuch. Land- und Volksbilder aus den Marschen der Weser und Elbe. Gotha 1858, 70–77 (Auszüge).

34 Theodor Storm, Gedichte – Novellen 1848–1867. Herausgegeben von Dieter Lohmeier. Frankfurt am Main 1987, 14–15.

35 Storm, wie Anm. 34, Kommentar, 766–767. Für weitere Erläuterung danke ich Susanne Brandt, Flensburg.

36 Sagen, Märchen und Lieder der Herzogthümer Schleswig, Holstein und Lauenburg. Herausgegeben von Karl Müllenhoff. Kiel 1845, 130–131.

37 Detlev Freih. v. Liliencron, Trutz, blanke Hans. In: Adjutantenritte und andere Gedichte. Leipzig 1883, 129–131.

38 Zum Beispiel Andreas Busch, Wo lag vor 1200 die Schiffsanlegestelle von Grote Rungholt, und warum wurde sie nach Lütke Rungholt verlegt? Die Heimat 71(3), 1964, 74–78.

39 Wilhelm Niemeyer, Oluf Braren. Der Maler von Föhr 1787–1839. Eine Lebensbeschreibung und Würdigung des vergessenen Künstlers. Berlin 1920, 7.

40 Andreas Aubert, Caspar David Friedrich. «Gott, Freiheit, Vaterland». Aus dem Nachlass des Verfassers hrsg. im Auftrage des Deutschen Vereins für Kunstwissenschaft von G(uido) J(oseph) Kern. Berlin 1915.

41 Ludwig Gebhardt, Gätke, Heinrich. In: Neue Deutsche Biographie 6, 1964, 27–28 (Online-Version); URL: https://www.deutsche-biographie.de/pnd116337354.html#ndbcontent, Zugriff am 11. 4. 2023.

42 Gerhard Wietek, Franz Radziwill – Wilhelm Niemeyer. Dokumente einer Freundschaft. Oldenburg 1990.

43 Z. B. Claude Monet, Marée basse devant Varengeville. 1882. In: Ulf Küster für die Fondation Beyeler (Hrsg.), Monet. Licht, Schatten und Reflexion. Riehen/Basel und Berlin 2017, 95.

44 Wilhelm Rösing, Franz Schensky: Der Fotograf und das Meer. Kiel, Hamburg 2015.

45 Zitiert nach einer Broschüre der Kurverwaltung auf Norderney.

46 Informationen zu Paul Kuckuck stammen aus einem Nachruf: R(obert) Pilger, Paul Kuckuck. Berichte der Deutschen Botanischen Gesellschaft 36, 1918, 63–70.

47 Paul Kuckuck, Ectocarpaceen-Studien. Herausgegeben von Peter Kornmann. Hamburg 1964.

48 Paul Kuckuck, Der Nordseelotse. Lustiges u. Lehrreiches Vademekum für Besucher der Nordsee. Hamburg 1908.

49 Paul Kuckuck, Der Strandwanderer. Die wichtigsten Strandpflanzen, Meeresalgen und Seetiere der Nord- und Ostsee. Mit 24 Tafeln nach Aquarellen von Julius Braune. München 1905.

50 Kuckuck interessierte sich für kulturelle und politische Fragen. Einen Vorzug seines durch den Ersten Weltkrieg erzwungenen Rückzuges von Helgoland nach Berlin sah er darin, dass er sich nun mehr um diese Interessen kümmern konnte. Pilger, Paul Kuckuck, wie Anm. 46, 68.

51 Der stille Garten. Deutsche Maler aus der 1. Hälfte des 19. Jahrhunderts in über hundert Abbildungen. Düsseldorf und Leipzig 1908.

52 Siehe meine frühere Publikation: Hansjörg Küster, Die Entdeckung der Landschaft. Einführung in eine neue Wissenschaft. München 2012.

Literatur

Abrahamse, Jan, Woeter Joenje und Nortje von Leeuwen-Seelt, Wattenmeer. Naturraum der Niederlande, Deutschlands und Dänemarks. Neumünster 1976.

Bantelmann, Albert, Die Landschaftsentwicklung an der schleswig-holsteinischen Westküste. Eine Funktionschronik durch fünf Jahrtausende. Neumünster 1967.

Behre, Karl-Ernst, Die Entwicklung der Nordseeküsten-Landschaft aus geobotanischer Sicht. Berichte der Reinhold-Tüxen-Gesellschaft 3, 1991, 45–58.

Behre, Karl-Ernst, Landschaftsgeschichte Norddeutschlands. Umwelt und Siedlung von der Steinzeit bis zur Gegenwart. Neumünster 2008.

Behre, Karl-Ernst, Ostfriesland. Die Geschichte einer Landschaft und ihrer Besiedlung. Wilhelmshaven 2014.

Behre, Karl-Ernst, und Hajo van Lengen, Ostfriesland. Geschichte und Gestalt einer Kulturlandschaft. Aurich 1996.

Ehrhardt, Michael, Ein guldten Bandt des Landes. Zur Geschichte der Deiche im Alten Land. Stade 2003.

Ehrhardt, Michael, Dem großen Wasser allezeit entgegen. Zur Geschichte der Deiche in Wursten. Stade 2007.

Ehrhardt, Michael, «Der Landes Ufer zu schützen». Zur Geschichte der Deiche an der Unterweser. Stade 2015.

Erdrich, Michael, Rom und die Barbaren. Das Verhältnis zwischen dem Imperium Romanum und den germanischen Stämmen vor seiner Nordwestgrenze von der späten römischen Republik bis zum Gallischen Sonderreich. Mainz 2001.

Fischer, Ludwig, Thomas Steensen, Harm Tjalling Waterbolk, Hajo van Lengen, John Frederiksen und Jens Enemark (Hrsg.), Das Wattenmeer. Kulturlandschaft vor und hinter den Deichen. Stuttgart 2005.

Fischer, Norbert, Wassernot und Marschengesellschaft. Zur Geschichte der Deiche in Kehdingen. Stade 2003.

Fischer, Norbert, Im Antlitz der Nordsee. Zur Geschichte der Deiche in Hadeln. Stade 2007.

Fischer, Norbert, Der wilde und der gezähmte Fluss. Zur Geschichte der Deiche an der Oste. Stade 2011.

Fischer, Norbert, Von Seedeichen und Sturmfluten. Zur Geschichte der Deiche in Cuxhaven und auf der Insel Neuwerk. Stade 2016.

Fischer, Norbert (Hrsg.), Zwischen Wattenmeer und Marschenland. Deiche und Deichforschung an der Nordseeküste. Schriftenreihe des Landschaftsverbandes der ehemaligen Herzogtümer Bremen und Verden 57. Stade 2021.

Fischer, Norbert, Susan Müller-Wusterwitz und Brigitta Schmidt-Lauber (Hrsg.), Inszenierungen der Küste. Berlin 2007.

Fischer, Norbert, und Ortwin Pelc (Hrsg.), Flüsse in Norddeutschland. Zu ihrer Geschichte bis in die Gegenwart. Schriftenreihe des Landschaftsverbandes der ehemaligen Herzogtümer Bremen und Verden 41 und Studien zur Wirtschafts- und Sozialgeschichte Schleswig-Holsteins 50, Stade und Neumünster 2013.

Groß, Jorge, Hansjörg Küster, Manfred Thies und Klaus Wächtler, Leben in Gezeiten. Die Nordseeküste entdecken. Magdeburg 2016.

Jankuhn, Herbert, Kurt Schietzel und Hans Reichstein (Hrsg.), Archäologische und naturwissenschaftliche Untersuchungen an ländlichen und frühstädtischen Siedlungen im deutschen Küstengebiet vom 5. Jahrhundert v. Chr. bis zum 11. Jahrhundert n. Chr. Band 2: Handelsplätze des frühen und hohen Mittelalters. Weinheim 1984.

Kock, Klaus, Das Watt. Lebensraum auf den zweiten Blick. 9. Auflage, Rendsburg 2015.

Kossack, Georg, Karl-Ernst Behre und Peter Schmid (Hrsg.), Archäologische und naturwissenschaftliche Untersuchungen an ländlichen und frühstädtischen Siedlungen im deutschen Küstengebiet vom 5. Jahrhundert v. Chr. bis zum 11. Jahrhundert n. Chr. Band 1: Ländliche Siedlungen. Weinheim 1984.

Kramer, Johann, Kein Deich – Kein Land – Kein Leben. Geschichte des Küstenschutzes an der Nordsee. Leer 1989.

Kramer, Johann, und Hans Rohde, Historischer Küstenschutz. Deichbau, Inselschutz und Binnenentwässerung an Nord- und Ostsee. Stuttgart 1992.

Küster, Hansjörg, Christoph Meiners, das Land Hadeln und Goethes Faust II. Jahrbuch der Männer vom Morgenstern 90, 2011, Bremerhaven 2012, 189–228.

Küster, Hansjörg, Geschichte der Landschaft in Mitteleuropa. Von der Eiszeit bis zur Gegenwart. 5. Auflage. München 2013.

Küster, Hansjörg, Hamburg, Elbe und Ewer. Die Versorgung einer Großstadt auf Wasserwegen. In: Norbert Fischer und Ortwin Pelc (Hrsg.), Flüsse in Norddeutschland. Zu ihrer Geschichte bis in die Gegenwart. Schriftenreihe des Landschaftsverbandes der ehemaligen Herzogtümer Bremen und Verden 41 und Studien zur Wirtschafts- und Sozialgeschichte Schleswig-Holsteins 50, Stade und Neumünster 2013, 261–269.

Küster, Hansjörg, Nordsee. Die Geschichte einer Landschaft. Kiel/Hamburg 2015.

Küster, Hansjörg, Deutsche Landschaften. Von Rügen bis zum Donautal. München 2017.

Küster, Hansjörg, Die Nordsee: Kartenbild und Ökologie. Neues Archiv für Niedersachsen 1/2018. Kiel/Hamburg 2018, 8–15.

Küster, Hansjörg, Die Geschichte der Nordsee. Neues Archiv für Niedersachsen 1/2018. Kiel/Hamburg 2018, 16–27.

Küster, Hansjörg, Plattbodenschiffe in der Deutschen Bucht. Neues Archiv für Niedersachsen 1/2018. Kiel/Hamburg 2018, 72–84.

Küster, Hansjörg, Deich und Nordseeküste aus der Perspektive der Landschaftsforschung. In: Norbert Fischer (Hrsg.), Zwischen Wattenmeer und Marschenland. Deiche und Deichforschung an der Nordseeküste. Schriftenreihe des Landschaftsverbandes der ehemaligen Herzogtümer Bremen und Verden 57, Stade 2021, 33–47.

Küster, Hansjörg, Vom natürlichen Gradienten zur kulturellen Grenze. Ein Beispiel von der Nordseeküste. Siedlungsforschung 39, 2022. Darmstadt 2021, 189–206.

Küster, Hansjörg, Flora. Die ganze Welt der Pflanzen. München 2022.

Landesamt für den Nationalpark Schleswig-Holsteinisches Wattenmeer und Umweltbundesamt (Hrsg.), Umweltatlas Wattenmeer. Band 1: Nordfriesisches und Dithmarscher Wattenmeer. Stuttgart 1998.

Landschaftsverband Stade (Hrsg.), Elbe-Weser-Dreieck. Eine kleine Landeskunde der ehemaligen Herzogtümer Bremen und Verden. Stade 2013.

Lüders, Karl, Kleines Küstenlexikon. Technik und Natur an der deutschen Nordseeküste, wichtigste Begriffe in Wort und Bild. 2. Aufl., Hildesheim 1967.

Meier, Dirk, Landschaftsgeschichte, Siedlungs- und Wirtschaftsweise der Marsch. In: Verein für Dithmarscher Landeskunde (Hrsg.), Geschichte Dithmarschens. Heide 2000, 71–92.

Meier, Dirk, Die Nordseeküste. Geschichte einer Landschaft. Heide 2006.

Mauß, Uwe, und Marcus Petersen, Die Küsten Schleswig-Holsteins. Neumünster 1971.

Nationalparkverwaltung Niedersächsisches Wattenmeer und Umweltbundesamt (Hrsg.), Umweltatlas Wattenmeer. Band 2: Wattenmeer zwischen Elb- und Emsmündung. Stuttgart 1998.

Ohling, Jannes (Hrsg.), Die Acht und ihre sieben Siele. Kulturelle, land- und wasserwirtschaftliche Entwicklung einer ostfriesischen Küstenlandschaft. Pewsum 1963.

Ohling, Jannes (Hrsg.), Ostfriesland im Schutze des Deiches. 4 Bände. Pewsum 1969.

Pott, Richard, Farbatlas Nordseeküste und Nordseeinseln. Stuttgart 1995.

Pott, Richard, Die Nordsee. Eine Natur- und Kulturgeschichte. München 2003.

Reise, Karsten, Tidal flat ecology. Berlin, Heidelberg, New York 1985.

Reise, Karsten, Das Watt. Erlebt, erforscht und erzählt. Wunderwelt zwischen Land und Meer. 3. Auflage, Hamburg 2021.

Schmidt-Thomé, Paul, Helgoland, seine Düneninsel, die umgebenden Klippen und Meeresgründe. Berlin, Stuttgart 1987.

Stock, Martin, und Tim Schröder, Wunderwelt Wattenmeer. Bielefeld 2022.

Wohlenberg, Erich, Die Halligen Nordfrieslands. Heide 1985.

Bildnachweis

Seite 20, 21, 22: Hansjörg Küster | Seite 24, 30, 36, 53: Peter Palm, Berlin | Seite 141, 143: Peter Palm, Berlin, nach einem Entwurf von Hansjörg Küster | Tafel 1: mauritius images/Arterra/Sven-Erik Arndt/imageBROKER | Tafel 2, 3, 4, 5, 9, 15: Hansjörg Küster | Tafel 6: mauritius images/Luca Renner/imageBROKER | Tafel 7: mauritius images/Reinhard Dirscherl | Tafel 8: mauritius images/Pitopia/Conny Pokorny | Tafel 10: mauritius images/The Picture Art Collection/Alamy/Alamy Stock Photos | Tafel 11: akg images/van Ham/Saša Fuis, Köln | Tafel 12: bpk/Sprengel Museum Hannover/Michael Herling/Benedikt Werner | Tafel 13: Bridgeman Images | Tafel 14: akg images/World History Archive | Tafel 16: mauritius images/Ernst Wrba

Register